魅力生物教师的修炼密码

MEILI SHENGWUJIAOSHI DE XIULIAN MIMA

李银乐 刘佚阳◎著

新华出版社

图书在版编目（CIP）数据

魅力生物教师的修炼密码 / 李银乐, 刘佚阳著.
-- 北京 : 新华出版社, 2023.5
ISBN 978-7-5166-6700-2

Ⅰ. ①魅… Ⅱ. ①李… ②刘… Ⅲ. ①生物学教学－教学研究
Ⅳ. ①Q-4

中国国家版本馆CIP数据核字（2023）第000669号

魅力生物教师的修炼密码
作　　者： 李银乐　刘佚阳

责任编辑： 陈君君　　**封面设计：** 刘宝龙

出版发行： 新华出版社
地　　址： 北京石景山区京原路8号　　**邮　　编：** 100040
网　　址： http：//www.xinhuapub.com
经　　销： 新华书店、新华出版社天猫旗舰店、京东旗舰店及各大网店
购书热线： 010－63077122　　**中国新闻书店购书热线：** 010－63072012

照　　排： 六合方圆
印　　刷： 天津文林印务有限公司

成品尺寸： 170mm×240mm
印　　张： 17.25　　**字　　数：** 230千字
版　　次： 2023年5月第一版　　**印　　次：** 2023年5月第一次印刷

书　　号： ISBN 978-7-5166-6700-2
定　　价： 62.00元

序一

生命世界是瑰丽多彩的！生物学教学贵在引领学生欣赏生命之美——多样性与统一性、开放性与自我更新、适应性与坚韧性、相互依存与和谐统一，以及严密有序的结构之美；认同生物多样性的价值，继而培养学生尊重生命、珍惜生命、保护生命的责任感。

探寻生命奥秘的生命科学无处不折射出客观求实、理性求真、质疑创新的光芒。生物学教学不仅仅是向学生传递生物学知识，更要揭示知识背后的思维方式和探究方法，领悟知识蕴含的价值与精神，引领学生沐浴生命科学的理性光辉！ 因此，生物学教学本身是富有魅力的，关键在于教师的修炼和挖掘。

李银乐老师所著的《魅力生物教师的修炼密码》一书，为我们凝练了怎样从一位职业新手到优秀教师再到卓越教师的修炼密码，这是一位长期耕耘于生物学教学这片田野的北京市特级教师、正高级教师的智慧奉献！

因为他热爱五彩斑斓的生命世界，扎根于生物学教育这片沃土，痴醉于生物学教研这一领地……他还懂得：

对核心素养的认识，决定着教学方向；

对生命本质的认识，决定着教学高度；

对学科属性的认识，决定着教学境界；

对认知规律的认识，决定着教学策略！

苏明学

（北京理工大学附属中学生物学特级教师、正高级教师）

2022 年 12 月 18 日

序二

我与李银乐老师，可以说是因生物结缘，随生物教研成长。我俩相识在一次海淀区的生物教研活动现场。我发现，每周的生物教研活动他都会参加，我对他产生了好奇，怎样的热爱或责任心可以让一位主抓教学的领导如此在生物教研的前线深耕呢？尤其在李老师写的第一部专著《一位特级教师的专业成长之路》里，他几十年前写的文章中提的很多观点，经过教育教学实践，目前已经变为教育教学的常态。

我想，李老师教育教学实践中思考的、经历的、承受的，一定远远超过文字所表达的，因此，也就让我更加期待《魅力生物教师的修炼密码》这本书的出版。

叶澜教授提出的教师专业发展五个阶段中有三个关键阶段，其中生存关注阶段即教师成长的起始阶段，是教师专业发展的关键阶段；任务关注阶段是教师专业知识、技能等稳定持续发展的时期，关注焦点转向“教学工作”，经常思考“我怎么样才能行？”；自我更新关注阶段是教师经验非常丰富，有意识地规划自己的职业生涯，谋求自我发展的阶段。我想每一位生物教师看完《魅力生物教师的修炼密码》

这本书，一定能从书中找到李老师在每个阶段每个细节“做对了什么”的密码，并牢牢把握住自己在每个阶段的关键步骤，提前规划自己的专业发展之路。

教师在入职以后，首先要研究学科课程标准和教材。本书“教材篇”给出了义务教育生物学课程设计和教材编写的思路，阐释了生命科学教育的本质和教学中的主要辩证观点，尤其是作者入职初期撰写的有关教材研究的小论文，给我们研究教材以深刻启示，是我们研究教材的绝佳范例。

教学方法是教师修炼的核心。本书的“教法篇”从教学功底修炼、教学流程设计、信息技术应用、课堂提问技巧、教学方法运用、教学语言提炼、课堂讨论方法、多样化作业布置等12个视角，对教师教学的修炼进行了较为全面地阐释，让我们对精彩课堂的完美呈现有了全面的认识。本篇作为全书的核心，不只对一堂好课的标准、生物课堂教学应处理好的10种关系做了详细解读，更是详细介绍了作者对教学方法的探索历程和成果，对当前流行的目标教学、高效课堂、魅力课堂、线上教学、大单元教学等不同教学形式，进行了理论阐释和实例解读。

教学研究是教师成长的重要途径。本书的“教研篇”对课后反思、案例撰写、教研活动、集体备课、听课评课、课程建设、课题研究、实践研讨、主题论坛、联合教研等教学研究的主要方式进行了深入浅出的解读。作者在比较教学、习惯养成教育、实验探索、校本课程建设、假期实践活动等领域的研究成果，既有即学即用的实践价值，更为我们教学研究提供了可以模仿的思路和模板。

生物中考是每一位生物教师都回避不了的话题，本书“中考篇”总结的“三轮一回扣二指导”复习策略，是当前复习备考的主流策略，有非常强的实用价值。“科学探究”主题中考备考策略例析、基于生物核心素养的中考试题解题技巧例析、生物中考考前指导、生物中考备考重难点解析等中考备考研究成果，更是解决了生物教师中考备考中的难点和痛点，让生物教师在中考备考中有方法，有目标，有支点，按部就班，不再煎熬。

生物教师修炼的最终目的是实现教师的专业成长。本书的“成长篇”首先介绍了读书学习、研读课标、吃透教材、精通教学、探究实践、磨课赛课、中考备考、研修培训、教学反思、师徒共进、编写教辅、撰写论文等教师成长的诸多路径，该书对教师专业成长途径的介绍实用详细，很接地气，通俗易懂，让每位教师都可以从中找到自我专业成长的着力点。后面有关教辅编写、学科育人、论文撰写等方面的成长体会，更是为教师专业成长起到很好的引领作用。

《魅力生物教师的修炼密码》这本书，理论与实践紧密结合，于理论与实践的互动中总结出可行的方法以指导实践。既高屋建瓴又脚踏实地、案例鲜活；既统揽全局，关涉教师发展的方方面面，又深耕密植，深入探讨生物教师发展中遇到的每一个问题。

这本书每一篇章都以先总后分的架构，开门见山地把每个领域的修炼密码、核心观点和具体方法放在前面，让读者对每个领域有一个总体把握。给出的方法精练、全面、易操作，如果没有几十年一线生物教师全面成长研究的亲身经历是绝对写不出来的。在每一篇章总领文章的后面，是李老师35年成长历程中在每个领域取得的研究成果、案例和体会，每一篇案例都源自生物教育教学的研究实践，鲜活实用，立意长远，以小见大，视野宽阔，给每位生物教师提供了具体的成长范例和研究模板，指明了生物教师修炼的具体方法。该书既可以作为各个阶段生物教师的专业成长手册和教育教学宝典，更可以作为师范院校生物专业学生或生物教师培训的教材。

开卷有益，愿每位生物教师打开此书，细细品读，不断修炼，在对此书品读和生物教育教学的实践中，实现自己专业上的快速成长！

是为序。

杭跃男

（北京市海淀区教师进修学校生物教研员、北京市骨干教师）

2022 年 12 月 20 日

目录

CONTENTS

第一部分

教材篇

修炼密码

密码一：扎实的学科知识功底是魅力生物教师修炼的基础。俗话说“要给学生一碗水，教师就要有一桶水”。在生物学快速发展的今天，生物教师不止要有一桶水，还需要用一碗水引来源源不断的源头活水。

密码二：深刻领会课程标准是魅力生物教师修炼的前提。课程标准是教材编写、教学实施和考试评价的依据，掌握了课程标准就抓住了生物课程的灵魂，从而在教学设计中源于教材而高于教材，基于生物学的思想、方法和观点，培养学生的生物学核心素养，解释和解决生产生活中的生物学问题。

密码三：深入钻研吃透教材是魅力生物教师修炼的关键。教材是生物学课程学习的基本材料，要准确把握学科的本质和主要的辩证观点，从学科素养和学习方法的角度研究和理解教材，从而在课堂上做到活动设计思路清晰、条理有序，精讲点拨深入浅出、切中要害。

密码四：撰写出有关教材研读的小论文是钻研教材、吃透教材的最好体现。很多生物教学的名师就是从研读教材，撰写有关生物教学小论文起步的，生物学教学的各类报纸和刊物为我们搭建了宽阔的交流平台，生物教师的专业成长可以从这里起步。

义务教育生物学课程设计和教材编写的思路

生物学课程的设计和教材编写是伴随着社会、政治、经济和生物学的发展而不断演变的。梳理改革开放以来义务教育生物学课程的设计与编写，主要经历了5个阶段。

第一阶段是“两纲综合”阶段，即依据《全日制十年制中学生物学教学大纲（试行草案）》和《全日制十年制中学生理卫生教学大纲（试行草案）》编写的初中生物学、生理卫生和高中生物学教材，由于编写人员等条件限制，这一时期的生物学课程教材经历了一个逐渐完善的过程，形成了学科体系相对完整的中学生物学教材，在全国普遍使用。

第二阶段是“两纲分科”阶段，即依据《全日制中学生物学教学大纲》和《全日制中学生理卫生教学大纲》编写的初中植物学、动物学、生理卫生和高中生物学教材。与第一阶段相比，这一阶段生物学课程教材的学科体系更加完善和严谨，但对学生的认知规律和生活经验考虑较少，一套教材全国统一使用，难以适应全国生物学教学地域差异的需要。

第三阶段是“一纲多本”阶段，即依据《九年制义务教育初级中学生物学教学大纲（初审稿）》（含植物，动物，细菌、真菌、病毒，人体生理卫生，生物的遗传、进化和生态5部分）编写的八套半（含人民教育出版社、北京师范大学出版社等）义务教育生物学教材。这一阶段的生物学课程教材比“两纲分科”阶段更加系统，形成了一套较为完整的生物学课程教材体系，同时，多个版本的教材也适应了全国不同地区生物学教学的差异化需求。

第四阶段是“一标多本”（三维目标导向）阶段，即依据2001年版的《全日制义务教育生物课程标准（实验稿）》和2011年版的《义务教育生物学课程标准》编写的生物学教材，共计有人民教育出版社、北京师范大学出版社等8个版本，课程内容分为科学探究、生物体的结构层次、生物与环境、生物圈中的绿色植物、生物圈中的人、动物的运动和行为、生物的生殖发育与遗传、生物的多样性、生物技术、健康地生活10个一级主题和50个重要概念。这一阶段的中学生物学课程教材既考虑到学科知识的内在逻辑关系，也考虑到学生的生活经验和认知规律，以知识、能力、情感态度价值观三维目标为导向，推动了学生生物学素养的全面提高。

第五阶段是“一标多本”（核心素养导向）阶段，即依据2022年版的《义务教育生物学课程标准》编写的生物学教材，有人民教育出版社、北京师范大学出版社等多个版本，课程内容分生物体的结构层次、生物的多样性、生物与环境、植物的生活、人体生理与健康、遗传与进化、生物学与社会·跨学科实践7个主题，学习内容以9个大概念、25个重要概念和88个次位概念组成的三级概念体系呈现，较好地适应了新时代学生生物学核心素养发展的需要。

随着我国政治经济社会的发展，世界科技进步日新月异，网络新媒体迅速普及，人们的生活、学习和工作方式不断改变，儿童青少年的成长环境发生深刻变化，人们的教育需求已经从“有学上”转变为“上好学”。为了适应新的发展状况，应对人才培养的新挑战，聚焦中国学生发展核心素养，培养学生适应未来发展的正确价值观、必备品格和关键能力，引导学生正确的成长方向，已成为当前课程教材编写的历史使命。

2016年9月13日，《中国学生发展核心素养》正式发布，标志着中国基础教育进入核心素养时代；2017年，教育部发布普通高中各学科课程标准，新教材相继编写使用，普通高中率先进入核心素养时代；2022

年4月，教育部印发《义务教育课程方案和语文等16个课程标准》(2022年版)，义务教育各学科正式进入核心素养时代。

最新的义务教育生物学课程基于核心素养发展的要求，遴选重要观念、主题内容和基础知识，增强课程内容和育人目标的联系，优化课程内容组织形式，设立了跨学科主题活动，加强了学科间的相互关联，必将带动生物学课程的综合化和实践性实施。

最新的义务教育生物学课程设计，落实核心素养为宗旨、课程设计重衔接、学习主题为框架、内容聚焦大概念、教学过程重实践、教学评价促发展6大课程理念。围绕生物学课程要培养的核心素养，即生命观念、科学思维、探究实践、态度责任，力争达到五大课程目标：掌握生物学基础知识，形成基本的生命观念；初步掌握科学思维方法，具备一定的科学思维习惯和能力；初步具有科学研究和跨学科实践能力，能够分析解决现实生活中的生物学问题；初步确立严谨求实的科学态度，乐于探索生命的奥秘；树立健康意识和社会责任感，能够强身健体和服务社会。

最新的义务教育生物学课程内容，根据义务教育阶段的培养目标，综合考虑学生发展的需要、社会需求和生物学发展三个方面，以学科知识内在逻辑为主线，从微观到宏观、个体到群体、多样性到统一性等视角，系统构建课程结构。为了充分发挥课程内容的育人价值，符合学科核心素养发展规律，课程内容在继承了2011年版课程主题为框架的基础上，对原来的10个主题进行了整合，对内容进行了优化，构建了概念性知识体系和学生活动体系。

最新的义务教育课程内容整合优化的基本思路，使内容间逻辑关系更紧密，让课程的实践性更强，更注意渗透生命安全和健康教育、传统文化教育等专题教育，尽可能减轻课业负担。具体的整合思路是："科学探究"不再作为独立的学习主题，将探究活动融入每个学习主题之中，使探究性学习贯穿于整个生物学教学过程；将“生物技术”主题内容，分别整合到其他相关学习主题中，有的结合概念学习，分散到相应学习活动中，有的体现在跨学科实践的活动中；将“健康地生活”与“生物圈中的人”合并为“人体生理与健康”主题；将“动物的运动和行为”主题内容进行了整合、删除处理，如将“动物的运动”内容并入到“人体生理与健康”主题中，删除了“动物行为”的内容；将“生物圈中的人”主题中的“人类的起源和进化”及“生物的多样性”主题中的“生物起源和生物进化”内容，与遗传和变异部分合并为“遗传与进化”主题。这样就形成了生物新课程的7个学习主题：“生物体的结构层次”“生物的多样性”“生物与环境”“植物的生活”“人体生理与健康”“遗传与进化”“生物学与社会·跨学科实践”。从内容结构来看，“生物学与社会·跨学科实践”学习主题与其他6个学习主题构成了完整的课程内容体系，它们之间是相互融合的关系。在课时安排方面，这7个学习主题的总课时数与课程方案相一致，前6个学习主题约占总课时数的90%，“生物学与社会·跨学科实践”学习主题约占总课时数的10%。

根据2022年版《义务教育生物学课程标准》中课程内容的整体设计，各版本教材在编写原则把握、教材内容选择、组织和呈现方式上，均体现出鲜明的时代特点，很好地适应了培养德、智、体、美、劳全面发展的社会主义建设者和接班人的要求。

在编写原则上，各版本教材坚持正确的政治方向和价值导向，坚持核心素养导向，遵循学生身心发展规律，坚持规范和创新相统一，加强了教材的思想性、适宜性、可读性，体现了教材的基础性、时代性、连贯性、整体性和发展性。

坚持正确的政治方向和价值导向，加强了教材的思想性。教材以习近平新时代中国特色社会主义思想为指导，全面贯彻党的教育方针，落实立德树人根本任务，充分发挥生物学课程的育人功能，引导学生热爱自然、珍爱生命，树立“绿水青山就是金山银山”的生态文明观念和人民至上、生命至上的理念。

坚持遵循学生身心发展的规律，强化了教材的适宜性。教材力求符合初中生的知识基础、认知发展水平，注重联系学生学习、生活、思想实际，通过举例、演示、类比等多种形式阐释抽象的生物学概念，激发学生的求知欲，增强吸引力和感染力。内容容量和难度合理，努力减轻学生的课业负担，符合“双减”要求。

坚持核心素养导向，精选了课程内容。教材围绕大概念遴选教材内容，既体现了教材的基础性，又反映了教材的时代性。教材以科学实践为载体，构建活动体系，以关键问题为引导，倡导以探究为主的多种主动学习方式，体现学生学习的主体性和主动性。注重一体化设计，与小学科学和高中生物学教材顺畅衔接，体现了教材的连贯性、整体性和发展性。

坚持规范与创新相统一，优化了教学内容的呈现方式。教材符合知识产权保护等国家法律、行政法规。内容科学、概念准确，文字表述生动、可读性强，图文并茂、配图合理，适教利学。

各版本教材在内容选择上，均注重了精选基本内容，贴近学生生活实际，重视科学实践活动，体现科学、技术、社会的相互关系，关注人文素养，同时也具有一定的弹性和灵活性。

教材注重精选基本内容。在整体架构内容体系的基础上，内容选择贴近学生生活实际，注重选择学生理解生物学所必需的基本概念、基本方法、基本技能和基本思想等基础性内容，适当反映了细胞生物学、生理学、遗传学和生态学等领域的最新成果。

教材重视科学实践活动的设计。将科学实践活动作为教材内容的重要组成部分，围绕学生核心素养培养，依据生物学科的概念体系，合理设计了系列科学实践活动，包括跨学科实践活动，注意了活动的选择性、灵活性及活动形式的多样性。通过让学生经历提出问题、作出假设、收集证据、检验假设、形成结论的过程，建构生物学概念，促进学生科学思维的发展，以及对科学本质的理解。通过让学生利用相关知识和技能解决实际问题，鼓励学生学以致用，培养学生的实践能力。

教材体现了科学、技术、社会的相互关系。在材料选择、活动设计等方面反映了生物科学技术进步与经济社会发展的相互影响，使学生认识到生物学科的社会价值。

教材关注了人文素养培养。教材充分关注生物学发展中所能体现的人文教育价值，充分利用我国古代在生物学方面的探索发现、实践成就，引导学生感悟中华民族智慧；讲述我国近现代生物学家科技报国、创新奉献的故事，培养学生的家国情怀，增强学生的文化自信。

在课时和内容安排上具有一定的弹性和灵活性。在按照课程标准编写必学内容的基础上，适当安排了一些选学内容或选做活动，以拓宽学生视野，激发学生想象力和创造力，发展学生的爱好和特长，为因材施教提供了支撑。例如，在教材中编入了一些小资料和课外阅读材料，设计了一些选做实践活动。

在教材内容的组织和呈现方式上，各版本教材均注重了教材基本架构的搭建，教材栏目的设计和教材体例的统一。

合理构建教材基本架构。教材兼顾学科内在逻辑和学生认识逻辑，一方面，按照学科内在结构厘清学科概念的范畴和逻辑关系；另一方面，按照学生概念形成规律规划学习路径。当学科内在逻辑与学生认识逻辑不一致时，对内容组织作出了必要的调整，既保证了内容的完整性，又符合学生认知规律。教材还兼顾了大概念（内容主题）之间以及生物学科与其他学科之间的联系，划分单元与章节，合理分配各册次教材的内容，全面落实了课程内容的要求。

重视精心设计教材栏目。教材根据学习内容特点和学生学习规律，设置问题情境、活动、习题等多种栏目，满足了学生完整学习活动的需求。避免了单纯呈现知识，注重结合学生生活经验，创设问题情境，引导学生积极思考和主动探索，实现由课程知识学习向学生核心素养发展的转化。各栏目之间做到了相互协调，充分发挥各自功能。习题设计能够呼应正文和活动的学习要求，题目类型实现了多样化，注重设计开放性问题，难度合适、梯度合理、题量适宜，有效避免了加重学生课业负担。

同一版本教材统一教材体例。同一版本教材风格是一致的，各册次在内容组织、行文风格、栏目设置、图文排版、装帧设计等方面都做到了有机统一。

最新的义务教育生物学课程教材注重探究和实践，以丰富的生物学知识为载体，通过多种教学活动展现人们认识自然现象和规律的思维方式及探究过程，反映自然科学的本质。有利于学生养成科学思维的习惯，形成积极的科学态度，学会学习，提升生物学核心素养，对学生健康生活、终身发展和适应未来社会具有重要意义。

生物教师全面理解生物学课程设计和教材编写的思路，有助于在教学中落实课程设计和教材编写意图，更好地落实课程理念和目标，培养学生的生物学核心素养，培养有理想、有本领、有担当的社会主义时代新人。

重视有关生命科学本质的教学

生物有一些区别于非生物的共同特征，如生物的生活需要营养，生物能够进行呼吸，生物能够排出体内产生的废物，生物能够对外界刺激做出反应，生物能生长和繁殖，生物都有遗传和变异的特性，除病毒外，生物都由细胞构成等。这是人们识别生物和非生物的依据，也是生物学教学中需要学习的基础性、本质性的一些知识。但对这些生命共同特征的认识，已经不能完全满足学生对生命探索的需要，为了让学生更好地理解生命科学的本质，解释常见的生命现象，在生命科学教育中，还要从以下 7 个方面加强对生命科学本质的教学。

一、生命物质基础的特殊性

没有核酸、蛋白质、糖类等生物大分子就没有生命，组成生命体的全部元素都来自自然界，是非生命自然界普遍存在的。虽然 CHON 等基本元素在无机自然界中都有，但是大分子蛋白质、核酸等却是生命世界特有的。生命的重要特征之一是组成生物体的核酸、蛋白质等大分子的运动和相互作用，这是人类对生命本质认识的一次飞跃。我们不要低估了青少年的接受能力，在小学和初中阶段，分子水平的生物科学内容，即使教材上没有涉及，学生在生活中也可以接触到，如北京中关村中心广场就竖立着 DNA 分子模型的雕塑。从人类基因组计划到致癌基因，从转基因动植物到克隆技术，从遗传到表观遗传，从餐桌上的转基因食品到 DNA 侦破技术等，分子生物学的知识已经渐渐成为有文化公民的必备常识，从分子生物学的层面渗透生命物质基础特殊性的认识，有利于帮助学生理解生活中遇到的一些生物学现象。

二、生命世界的多层次性

生命世界的复杂性之一就是它的多层次性。细胞是组成生物体（病毒除外）的一个基本结构和功能单位，其下有细胞器、分子和原子；其上有组织、器官、系统、个体、种群、群落、生态系统，最大到生物圈。这些层次之间有一定的包含关系，每一层次都可以成为独立的研究对象，具有一定的结构特征和功能，每一个层次之间又都相互联系，相互依存，不可忽略。

从生物分类和自然演化的角度来看，存在着病毒界、原核生物界和真核生物界，真核生物界中又有菌物界、植物界和动物界等。每一界又有门、纲、目、科、属、种等许多层次。它们也都可以成为独立的研究对象，同时，它们又相互联系。这些知识在生物分类、生物进化到生态学中都有涉及。随着细胞工程、基因工程的进展，人类可以更深入地研究和应用它们之间的关系和演化规律。

三、生命体是一种开放的系统

生命个体是在同环境进行物质交换的过程中，呈现出摄入和排出、自身物质组分的组建和破坏，才能存在和发展的系统。生命个体的形式不是存在着，而是发生着，它通过组成有机体的物质和能量的流动得以存在和表现。同时这个开放系统的重要特征是稳态、自主和自组织性，处处表现出有机体的自我调整。生物大分子不管多么重要，但本身不具备生命属性，只有形成细胞或类似细胞这样的复杂系统才能表现出生命现象。没有有生命的分子，只有有生命的系统。封闭或者物质能量交换的停滞，就意味着生命的结束，生命个体的新陈代谢、生态系统等都是这样。

四、生命系统是物质、能量和信息的统一体

人类已经步入信息时代，在生命科学发展的历程中，自从有了遗传学中心法则的发现，使我们领悟到生物世代延续中复杂的遗传、变异规律，竟是简单至极的三联体（三个碱基）遗传密码在操作：生命活动是物质、能量、信息三位一体的运动和变化过程，信息需要物质作为载体、能量作为动力才能实现传递。在教学时，我们不仅要揭示物质变化和能量变化，还要揭示信息的发送、接受、储存、加工、复制和传递等方面的规律。

五、生命系统能保持相对的稳定性（稳态）

一方面核酸、蛋白质、糖类等生物大分子都是缩合结构，有惰性的碳链，使生命具有稳定性；另一方面个体生命系统和生态系统都具有自我调节能力，从而使生命系统能够保持相对的稳定性。生态系统中生物种类越多、越复杂，生态系统就越稳定，越不易被破坏；人体这个生命机体相对稳定时就是健康状态，生病或者死亡，在很大程度上就是因为人体这个生命系统的稳定性被破坏了。

六、生命自然界是一个复杂的网络

地球上有如此众多的生物种类，它们几乎塞满了一切可以生存的空间。而且每一种生物的生存发展，都以其他种类生物的生存发展为前提，一种或几种生物的消亡，可能对其他生物造成灾难性的后果。这种生物界的多样性和相互依存、相互制约的关系，在非生命自然界中，远没有达到这种程度。我们可称之为生命的网络，生命之网。而人类也是这个网络的一部分，而且是至关重要的部分。由于人口的剧增，掌握着巨大的生产力和不断发展的科学技术，人们对生物界正、负两方面的影响力也与日俱增。如果人类的行为破坏了这个生命之网，最终将殃及人类自身的生存和发展。

实际上，人类对生物圈的破坏行为已经产生了严重后果，如气温上升、环境恶化等。人类在向生物界索取的同时，只有加强环境保护，保护好山水林田湖草沙冰，人类才能在生命自然界这个复杂网络中和谐共存下去。

七、生命科学中人是研究的主体，又是研究的客体

在自然科学的众多门类中，自然界是被人所研究的客体，唯独在生命科学中，人既是研究的主体，又和其他生物一样是被研究的客体。人的自然属性是生物，属于脊索动物门、脊椎动物亚门、哺乳纲、灵长目、人科、人属、智人种。

生物学要研究的形态、结构、代谢、生长、发育、繁殖、遗传和变异等规律，也适用于人类。人类的心理行为、社会行为也无不具有生物属性的烙印。所以，在生物圈中，人类的一切活动都受到制约，同时又极广、极其深刻地影响着整个生物圈。

生物教学中的主要辩证观点

一、生物世界的多样性和统一性

生物世界的多样性包括生物种类的多样性、基因的多样性和生态系统的多样性。生物的多样性是生物遗传变异和进化适应的结果，生物的多样性让生物界变得丰富多彩和生机勃勃。生物世界在表现出多样性的同时，也蕴含着统一性。生物世界的统一性就是生物世界具有生活需要营养、能够进行呼吸、能够排出体内产生的废物、能够对外界刺激做出反应、能生长和繁殖、有遗传和变异的特性等共同特征。除此之外，生物世界的统一性还包括构成生命物质的统一性，生物体都是一个开放的系统，生物体都是物质、能量和信息的统一体，生物体和生态系统都能保持相对的稳定性等。在生物教学中，我们既要关注生物世界的多样性，又要关注生物世界的统一性。

二、生物和环境的相互依存、相互作用

生物与环境是相互依存的。生物的生活依赖环境，需要环境提供水、无机盐、有机物、氧气、光、适宜的温度等非生物因素，也包括一些生物因素，如动物要以植物或者其他动物为食等。环境在一定程度上也依赖生物，如草原、森林可以防风固沙、减少水土流失等。同时，生物必须适应环境才能生存，如海豹厚厚的皮下脂肪可以抵御寒冷，骆驼刺的根系十分发达可以适应干旱的环境等。生物与环境的相互作用。首先是环境中的非

生物因素和生物因素都会影响生物，如没有光植物就无法生长，没有植物直接或间接的提供食物，动物就无法生存；其次是生物也会反作用于环境，如植物的蒸腾作用可以改变空气的湿度、蚯蚓可以使土壤变得疏松等。

无论是在细胞水平、个体水平，还是在生物进化的过程中，生物和环境都是相互依存，相互作用的关系。随着环境的变化，生物会出现不定向的变异，适应新环境的变异被保存下来，并逐渐积累，就实现了生物的进化。生物受环境制约又对环境产生影响。

三、结构和功能的统一

生物体结构功能的统一，主要表现在生物体的结构与功能相适应。这是生物进化的必然结果，也是在生物界中普遍存在的一种现象。如鸟的翅膀适应飞翔，蚯蚓湿润的体表适于呼吸，植物根的成熟区有很多根毛适于吸收等。初中生物学主要是从器官水平上讲结构和功能的统一，如寒带和热带的生物有明显不同的形态结构，以适应不同的气候环境。实际上，从分子水平、细胞水平、组织水平、器官水平、系统水平、个体水平、生态系统水平上都是这样。让学生理解了结构与功能相适应的观点，就可以举一反三，触类旁通，用这一观点解释相关的生物现象。

四、内因和外因的相互关系

辩证唯物主义认为，内因是事物变化的根据，外因是事物变化的条件，外因通过内因而起作用。内因和外因的这种关系同样适应于生物界，可以解释很多生物学现象。如在生物的性状表现中，遗传因素是内因和依据，环境影响是外因和条件。再具体一点，一对双胞胎兄弟，长相相似，但一个经常在野外工作，皮肤比较黑，另一个经常在室内工作，皮肤比较白，长相相似是内因遗传因素决定的，肤色变化就是外因环境引起的。

五、生物的生存发展基于内在的矛盾运动

对立统一法则，是唯物辩证法的最根本法则。生物的生存和发展就是基于内在对立统一的矛盾运动。如生物体的新陈代谢和生长、消瘦是生物体同化作用和异化作用这一对矛盾发展的结果，青少年同化作用大于异化作用就表现出生长，老年人异化作用大于同化作用就表现出消瘦。生物世界内在的矛盾运动还有很多，如个体生命的有限性和物种生命的无限性、生物巨大的繁殖能力和生存空间的有限性、遗传和变异、进化和退化、生命延长和对环境的压力、生存斗争和协同进化等。正如达尔文所说："当人早晨醒来时，花园的小鸟在唱着动听的歌，可你想过吗？它的蛋有多少被其他动物给吃了，而唱歌的鸟吃掉了多少植物的种子，没有矛盾就没有生命，没有矛盾就没有世界。"

六、生物的进化和适应相统一

生物进化是自然选择的结果，自然选择是指自然界中的生物，通过激烈的生存斗争，适应者生存，不适应者被淘汰的现象。生物通过遗传、变异和自然选择，不断进化。按照达尔文的自然选择学说，生物进化包括 4 个过程，即过度繁殖、生存斗争、遗传变异、适者生存。过度繁殖导致环境压力，通过生存斗争导致部分个体死亡减轻对环境的压力，但在生存斗争中的获胜者一定是在遗传变异中产生有利变异的个体，因为有利变异让个体更加适应环境，所以生存下来，有利变异的逐代积累也就实现了生物的进化。所以进化的生物种类都是适应环境的，现存的或者说生存下来的生物都是适应环境的，生物的进化和适应是相统一的。

七、人类的生存和发展与整个生物界是相互依存和统一的

人类是生物世界的一部分，人类的生存和发展要以其他生物和环境为

基础，同时人类的生存和发展又严重地影响到其他生物的发展和环境的变化，人类的生存和发展与整个生物界是相互依存和统一的关系。要实现人类持续的生存和发展，就需要在实现人类生存和发展的同时，兼顾其他生物的发展和对环境的保护，从而实现人类和整个生物界的协调发展。人可以影响自然界，但人类绝不能以自己为中心，人类对生存的环境和环境中的生物要充满敬畏，人类对其他生物的掠夺和对环境的破坏，最终会影响到人类自身的生存和发展。

有关反射的几组概念

在初中生物学中与反射有关的概念主要有：非条件刺激与条件刺激，具体刺激与抽象刺激，反应与反射，非条件反射与条件反射。这几组概念既相互联系，又相互对立。课本上对以上几组概念没有做明确的解释和比较，为了便于同学们学习，现将这几组概念区分如下：

一、非条件刺激与条件刺激

作用于机体并引起反应的任何因素，不论是来自外界的，还是发生在机体内部的，都可称作刺激，刺激的结果是引起机体的反应。

非条件刺激泛指引起机体产生非条件反射的刺激。如火烧皮肤、狗吃食物等。

条件刺激指无关刺激，由于经常与非条件刺激相结合（强化），从而成为某一反射的信号。如喂小狗食物时，同时响铃，经过多次的结合，铃声便成为狗进食的信号，这种刺激就称为条件刺激。引起的反射就称为条件反射。

二、具体刺激和抽象刺激

具体的食物、敌害的形象、声、光等引起的刺激属于具体刺激，而从具体信号中抽象出来的语言、文字等引起的刺激，则属于抽象刺激。它们二者都属于条件刺激，引起条件反射。

三、反应与反射

反应泛指对刺激的应答。它可以有神经系统的参与，也可以没有。如植物含羞草的叶因受触动而闭合，低等原生动物草履虫可以逃避食盐等有害刺激，高等动物因身体受内外环境中各种变化的刺激而发生的肌肉活动、腺体分泌以及各种生命活动。尽管有的很简单，有的很复杂，但都可称作反应。

反射是人和高等动物通过神经系统，对内外环境刺激发生的有规律的反应。反射比反应的范围缩小了许多，有了几个条件的限制：①反射只有较高等的动物才具有；②反射只有通过反射弧才能发生；③反射是有规律的反应，它是反应的一部分。

四、非条件反射和条件反射

它们都是动物通过神经系统对内外环境刺激发生的有规律的反应。但它们有以下几点区别：

非条件反射	条件反射
①先天性的	后天形成的
②可无大脑皮层参与	必须有大脑皮层参与
③非条件刺激引起	条件刺激引起
④举例：婴儿吮奶	谈虎色变

（原文刊载于《生物报》1992 年 3 月 13 日第 159 期）

《神经系统》概念辨析

《神经系统》是初中生物学的重点，也是难点：概念多，难理解，易混淆。为了帮助同学们正确理解和区分神经系统的有关概念，学好这一部分内容，现把常见的几组概念辨析如下：

一、神经纤维、神经、传导束、白质

1. 神经纤维：由神经元的轴突或长的树突及套在外面的髓鞘共同组成。按传导兴奋的方向可分为传入（感觉）神经纤维和传出（运动）神经纤维。它是神经传导的基础。

2. 神经：由许多神经纤维集结成束，外面包上结缔组织膜构成，存在于周围神经系统中。按神经中神经纤维的构成可分为传入神经、传出神经和混合神经。神经纤维在周围神经系统中都是组合成神经而存在的。

3. 传导束：存在于中枢神经系统中的许多神经纤维集结成束，就是传导束。在传导束外一般无明显的结缔组织膜，神经纤维在中枢神经系统中都是组成传导束而存在的。

4. 白质：中枢神经系统里，由神经纤维组成的色泽亮白的结构就是白质。实际上白质就是脑和脊髓中传导束的统称，神经纤维是构成它们的基本单位。在脊髓中白质在外周，在脑干中白质与灰质混杂存在，在大脑和小脑中白质在中央。

在这 4 种结构中，神经纤维是构成神经、传导束、白质的基础，神经和传导束是神经纤维的组合在周围神经系统和中枢神经系统中的不同存在形式，白质是传导束进一步组合形成的肉眼易见的结构。

二、神经节、神经中枢、功能区

1. 神经节：在周围神经系统里，功能相同的神经元细胞体汇集在一起而形成的结构。

2. 神经中枢：在中枢神经系统里，功能相同的神经元细胞体汇集在一起，调节人体某一生理活动而形成的结构。

3. 功能区：在大脑皮层中，功能相同的神经元细胞体汇集在一起形成的结构，它调节人体一定部位的运动和感觉等功能。

这三种结构的共同点是都由功能相同的神经元细胞体组成，只不过存在的部位不同。神经节存在于周围神经系统，神经中枢存在于中枢神经系统（脑和脊髓），功能区位于大脑皮层。实际上功能区就是大脑皮层中的神经中枢。

三、灰质、皮层、神经核

1. 灰质：在中枢神经系统——脑和脊髓中，细胞体密集的地方，色泽灰暗的结构，就是灰质。脊髓的灰质在中央，脑干的灰质与白质混杂存在，大脑和小脑中的灰质在外形成皮层。

2. 皮层：就是大脑和小脑表面的灰质，是大脑和小脑中神经元细胞体密集的地方。

3. 神经核：是在脑干和脊髓中部分神经元细胞体密集在一起组成的核团。在脑干中神经核混杂在白质中，在脊髓中神经核存在于灰质中。

这三种结构的共同点都是由神经元细胞体组成的色泽灰暗的结构。区别是它们存于神经系统的不同部位：皮层在大脑和小脑表面，神经核在脑干和脊髓中，皮层、神经核都属灰质。

四、刺激、非条件刺激、条件（信号）刺激、第一信号、第二信号

1. 刺激：作用于机体并引起机体反应的任何因素。

2. 非条件刺激：指直接作用于某一反射弧的感受器，并通过此反射弧产生反射的刺激。如火烧手后引起缩手反射。

3. 条件（信号）刺激：一些无关刺激由于经常与非条件刺激结合，从而成为某一反射的信号，它刺激某一反射弧的感受器，通过大脑皮层形成的暂时联系，引起另一反射弧效应器的活动。如铃声引起狗的唾液分泌反射。

4. 第一信号：指具体的食物、敌害形象、声、光等刺激，它引起第一信号系统的活动。

5. 第二信号：指由具体信号抽象出来的语言、文字等刺激，它引起第二信号系统的活动。

五、反射、非条件反射、条件反射、第一信号系统、第二信号系统

1. 反射：是生物通过神经系统，对内外环境刺激产生的有规律的反应。它包括非条件反射和条件反射。

2. 非条件反射：指由食物等直接刺激物引起的、由皮层下中枢完成的先天性反射。

3. 条件反射：指由铃声等信号刺激引起的、由大脑皮层参与完成的后天性反射。

4. 第一信号系统：指对声、光等具体信号发生反应建立条件反射的皮层功能系统。

5. 第二信号系统：指对由具体信号抽象出来的语言、文字发生反应建立条件反射的皮层功能系统。

（原文刊载于《生物报》1994 年 3 月 1 日第 198 期）

能量是如何代谢的?

物质代谢和能量代谢是新陈代谢的两大组成部分。物质代谢是食物中的淀粉、脂肪、蛋白质、水、无机盐等物质在生物体内变化的过程，容易理解，而能量代谢却令人难以理解。

对“能量代谢”课本上是这样描述的：“能量代谢指能量的转换，它与物质代谢相伴随而存在。”

但能量最终来源于哪里？它怎样在有机物中储存？怎样进入生物体？又怎样在体内释放和利用？这首先要从光合作用说起。

生物界的能量除极少一部分来自细菌的化能合成作用外，绝大部分来自太阳光，通过光合作用这一极其复杂的物质能量变化过程，把太阳光能转变为化学能贮藏在有机物（如淀粉）中。

动物和人的食物都是直接或间接地来源于植物光合作用合成的有机物，各类有机物中的能量伴随着食物的摄入而进入动物体或人体。

有机物中贮存能量的多少是用热量价来衡量的。每克有机物在人体内氧化分解所放出的热量即为热量价。蛋白质和糖类的热量价为 17.15 千焦，脂肪的热量价为 38.91 千焦。

能量在有机物中都是以化学键的形式存在的，即能量贮存于化学键中。各种复杂的有机物中都存在化学键，有机物分解时，化学键断裂，能量即被释放。人体内有机物中能量的释放就是在物质代谢过程中有机物分解时，通过化学键的断裂而实现的。

有机物分解释放的能量，还不能直接被利用，还要被 ATP（三磷酸腺苷）捕获贮存在其中的高能磷酸键中，这种高能磷酸键易断裂放能而被生物体利用。ATP 是人体内能量利用的直接形式。

糖类是人体内能量利用的主要来源，约占人体内所需能量的 70%。

有机物中的能量转变为 ATP 后，主要用于维持体温、肌肉收缩、神经传导、生物电、合成代谢、吸收与分泌等生理活动。

（原文刊载于《生物报》1994 年 9 月 28 日第 209 期）

人为什么会做梦?

人每天都要做梦，或惊险或离奇，各种各样的场面都会在睡梦中映现，梦几乎伴随我们的每一次睡眠过程。人为什么会做梦？梦又是怎样形成的呢？

现在，神经生理学研究的进展已经证明，梦是人体的一种正常生理现象，并对梦的形成机制做出了初步解释。

人的清醒靠脑干上行激活系统的紧张活动来维持，使机体对内外环境刺激表现出较高的敏感性。睡眠时，由于延脑和丘脑网状结构内有上行抑制系统对抗上行激活系统的作用而表现出大脑皮层活动的抑制，敏感性降低，只维持一些植物性神经的机能调节，如心跳、呼吸等，脑的一些高级活动，如学习、记忆、思维等均停止。

由于在清醒时与大脑皮层各个中枢相连的感受器受刺激的强度不同，因此，各中枢兴奋性也不同，强的刺激可使相应中枢兴奋性增高，以至于在入睡后仍处于兴奋状态，白天的一些映像仍可在大脑中浮现；在睡觉时受到不良刺激，如未盖好被子而使身体的局部受冷，晚饭吃得过饱，睡觉姿势不适而使某一部位受压等，都会通过感觉传导把刺激传到大脑皮层，在大脑皮层处于抑制状态时，引起白天活动较强的局部中枢的兴奋，出现各种相关的映像，这就是梦。

梦的内容不管多么离奇，总与自己的经历有关，它是过去某些刺激在大脑皮层的再现和组合，梦是有其物质基础的，不是什么福祸的预兆。

梦很容易遗忘，因入睡后身体的各个部分及大脑皮层都处于一种抑制状态，所以梦中感受到的刺激一般较微弱，它虽可引起大脑皮层局部的活动，但不会在大脑皮层留下较强的痕迹，很容易在大脑皮层中消失。

（原文刊载于《中学生报》1995 年第 34 期）

第二部分

教学篇

修炼密码

密码一：魅力生物教师需要对生物教学方法进行研究。对课程标准和教材的熟练把握只是魅力生物教师修炼的第一步，并不代表学生就掌握了基本的生物学知识，具备了生物学核心素养。在充分了解教学内容和学生情况的基础上，通过教学方法的研究，可以搭建起沟通教师教和学生学的桥梁。

密码二：魅力生物教师需要对生物学的课程理念进行学习。生物学教学有核心素养为宗旨、课程设计重衔接、学习主题为框架、内容聚焦大概念、教学过程重实践、学业评价促发展等课程理念，只有熟悉课程设计的理念，才能在教学实施中落实这些课程理念，更好地实现课程目标。

密码三：魅力生物教师需要掌握多种多样的教学方法。只有尽可能学习和掌握多种多样的教学方法，才能遵循因材施教的原则，将不同内容、不同课型、不同学情的课堂都设计的科学合理、妙趣横生、富有收获、充满魅力。

密码四：本篇对生物教学的研究，涉及生物教师教学修炼的十二个视角，前置学习与直观教学，教法改革与素质教育，课时教学与单元教学，高效课堂与魅力课堂，线下教学与线上教学等多个方面，有理论探索，有教学案例，为生物教师提供了丰富的学习资源。

生物教师教学修炼的主要视角

捷克大教育家夸美纽斯指出："教学就是把一切知识传给一切人的艺术。"教学是一门技术，更是一门艺术，是一种复杂的创造性劳动。常言说："台上一分钟，台下十年功。"教学艺术的高低不仅是课上 45 分钟的训练，更是来自课下长久的磨炼。生物教师只有不断修炼生物课上、课下的教学功夫，才能真正做到"传道有术、授业有方、解惑有法"，让生物教学这门艺术散发出夺目的光彩。

生物教师的教学修炼可以在课下进行，也可以在课上进行，课下和课上的教学修炼是相辅相成的，很难严格区分。下面从 12 个主要视角，按训练的主要时间分成课下和课上两大类。

一、生物教学课下修炼

生物教师的教学修炼，应该主要立足课下和平时，一堂精彩的课堂，很多工作主要在于课下的修炼，需要在课下打好功底，课前做好设计和准备。关于生物教学课下的修炼主要从 5 个方面进行介绍。

1. 扎实的教学功底训练

扎实的教学基本功是生物教师做好教学工作的基础。扎实的教学基本功对于生物教师就像童子功之于武林高手，教学基本功除了在中小学和大学时期打下的扎实功底，还需要在入职以后的教学实践中反复训练，才能达到炉火纯青、运用自如的地步，这对于一位生物教师的课堂教学功力至关重要。

生物教师的教学基本功除了传统的普通话、钢笔字、粉笔字、简笔画、生物图以外，还包括现代教育技术、探究实验设计、生物实践活动、跨学科实践活动、教师基本礼仪、基本才艺特长、心理健康教育、校本课程开发等，这是生物教师专业成长必备的基本素养。

2. 科学的教学流程预设

生物学科的不同内容、不同课型，需要科学设计不同的学习流程或者教学模式才能取得好的教学效果，这是在教学内容层面的因材施教。比如《生物的特征》需要学生采集一些生物和非生物带到教室里识别，《调查周边环境中的生物》需要在校园里实施，《观察植物细胞》需要在实验室里实施，在不同场所实施的生物教学，组织教学的方式和学习流程设计肯定是不同的。生物教学中常用的新授课、习题课、讲评课、实验课、复习课等不同课型，学习的流程设计也是不同的。

现在各地学校为了推行课程教学改革，创建了很多教学模式，为了适应学科特点，一般的教学模式会设计相应的学科模式。教学模式的实质就是某种教学组织方式和教学流程的设计，我们只有掌握了多种多样的教学模式或者教学方法，才能针对不同内容和课型的生物课，选择设计适合的教学组织方式和教学流程，从而取得最佳的教学效果，将每堂课都上的充满魅力。

3. 规范的艺术板书设计

板书是魅力课堂信息传递的重要载体，即教师通过在黑板上书写文字、符号、图表或生物图等方式，向学生传递生物学信息、分析认知过程、突出学习重点、帮助学生正确理解生物学知识并增强记忆，是提高学习效果的一种重要手段。

因板书具有可以随时书写，并能够保存的特点，在学生课堂学习中起着重要作用，是其他学习手段不可替代的。能否针对学科和学习内容特点精心设计规范的、艺术性的板书，直接影响着学生的审美和课堂学习的效果。

板书的设计一般要遵循计划性、规范性、适合性、逻辑性、简洁性、重点性、美观性7大原则，让生物课的板书规范、美观、实用，凸显生物学科特色，提升课堂教学效果。

根据生物课学习的内容和形式需要，板书设计的主要方式一般分为要点式板书、网络图板书、生物图板书、表格式板书和学生版板书，每种板书经过艺术化设计不仅会让学生对学习内容留下深刻印象，而且会让学生受到美的熏陶，提高学生对生物学科学习的兴趣。

4. 精美的实用教学课件

多媒体教学课件是把计算机综合处理的文本、图形、声音、图像、动画、视频等多种媒体信息，应用于教学上，改变信息的呈现形式，在计算机上利用媒体开发工具把图、文、声、像集成在一起，以提高教学内容表现力和感染力的教学软件。

多媒体课件教学作为信息化的多媒体教学手段，可以向学习者直观地呈现各种教学信息；通过动画等手段提高学生学习的积极性，激发学习动机；还可以用于对学习过程的诊断、评价或引导学生处理各种信息；也可以通过互联网用于更新学习数据、实现对学习过程控制和学习结果的反馈，对于提高教学效果有重要作用。

为了科学设计和使用课件，在课件设计时要注意主题明确、风格统一、布局合理、配色简洁、文字规范、图表表达、适量击键、适度动画，还要注意课件的辅助性、科学性、简洁性、实用性、艺术性、启发性和开放性，从而让设计的生物课件达到最佳的辅助教学效果。

5. 熟练的信息技术应用

随着信息技术和互联网技术的快速发展与普及，信息技术在教育中的应用日趋广泛，熟练使用信息技术辅助教学已经成为生物教师的必备技能素养。线下教学中的 PPT 制作，生物图片和视频的选择、使用和剪辑，教室多媒体融合系统的使用，数码显微镜的使用等，均已成为生物教学的常用手段。自 2020 年疫情暴发以来，线上教学已经成为常态，熟练地操作腾讯会议、腾讯课堂、钉钉课堂等线上教学技术，并在线上模拟教室中熟练地管理指导学生、开展互动交流、进行板书讲解、组织学生展示等，已成为当前生物教师的必备教学技能。

二、生物教学课上修炼

生物教师的教学修炼是一门实践的艺术，课下和课上是相辅相成、共同促进的。就如学习骑自行车，将骑自行车的步骤和技术背得再熟，也只是纸上谈兵，只有不断进行骑自行车的实践训练，才能真正熟练掌握骑自行车的技能。因此，我们说，课下的功底是基础，课上实践的训练更重要。下面就从 7 个方面介绍课上教学的修炼。

1. 恰当的课堂提问技巧

课堂上提问是驱动学生思维和推动教学进程非常重要的手段。恰当、巧妙、科学的提问可以激发学生思维，有效提高课堂效率。但如果掌握不好课堂提问的技巧，也可能会打击学生学习的积极性，影响学习的进程，甚至出现尴尬的场面，影响课堂学习的效果。

恰当的课堂提问需要注意以下技巧。不要在提出问题之前就点出回答者的名字，这样会给其他学生一个信号——这个问题与我无关，从而停止思维活动；根据问题的难易程度，邀请不同层次的学生回答；不要把回答问题的期待目光集中在个别学生身上，至少要让大部分学生都能感觉到你对他们的期待，让所有学生的思维处于活跃的状态；请学生回答问题时，要叫出学生的名字，不要用学号来代替，也不要用座位序号来代替；如果是随机点名，请学生回答问题，尽量不要采用按座位顺序或学号顺序的方式，推荐采取“名牌抽取机”“接力回答”“棒棒糖棍”等形式；提出问题后，要留给学生思考的时间；当学生们举手想回答问题时，请用眼神示意你接收到了他们的信息，也可以用语言回应他们的举手；尽量等到更多的学生举手后再请学生回答问题，这样可以营造出一种紧张的氛围，让学生感觉你正在挑选知道正确答案而又最值得表扬的学生；如果学生因为已经回答过问题而出现松懈，要想办法让他继续保持课堂的专注；如果学生出现冷场、不知道如何回答问题时，要想办法给予提示。

2. 巧妙的课堂语言提炼

课堂语言是课堂教学的主要手段之一，教师的语言水平直接影响到课堂教学的质量和效果，关系到学生思维能力的提高，影响学生的语言表达能力和语言的规范化，甚至关系到学生审美能力的培养。从这个意义上说，课堂教学的魅力，很大程度上在于教师课堂语言的魅力。教师课堂的语言不仅需要思考说什么，还要思考怎么说。语言信息以何种方式进行传递，对听众产生的影响至关重要，如果以更科学的方式进行排序，以更亲切温馨的语言进行归纳，以更洪亮激情的话语进行对话，对听者能够充分理解信息有很大的好处。课堂语言对学生的成长至关重要，生物教师要努力研究、实践探索、积极提升、苦练口才，用巧妙的学科化课堂语言提升课堂教学的质量与水平。

巧妙的课堂语言需要生物教师在实践中的全面修炼，需要有理念、有激情、有温度、有节奏、有文采、有智慧，这样的教学语言，不只是巧妙，更有内涵、有信息、有感染力，从而将课堂带入人性、温情、雅趣和享受的佳境。生物教师的课堂语言还要会激励、会概括、会比喻、会风趣、会评价，将课堂推向理性、思考、进取、科学、超越、挑战的境界，有效提高课堂教学的效果，提升学生的生物学科素养。

3. 有趣的教学方法运用

教学有法，而无定法。课堂教学的魅力在于教学方法的趣味性和多样性，幽默诙谐的语言表达，妙趣横生的教法变化，艺术化的板书设计，引人入胜问题驱动，形象逼真的动画设计，客观真实的生物观察等，都会让学生对学习内容留下深刻印象，久久难忘，显著提高学生课堂学习的兴趣和效果。课堂教学的趣味性在于激发学生学习兴趣，提高学习效果；教学方法的多样性在于消除学生学习的疲劳，保持学生接受学习刺激的兴奋状态，让学生的注意力持续而长久。

在以学为主的教学理念背景下，趣味多样的教学方法，按照自主学习、合作交流、展示拓展三个大的环节可以概括为：联系生活、观察实验、快速阅读、读出问题、标划记录、查找疑难、强化记忆；合理分工、表述质疑、共享成果、交流心得、指导讲解、倾听演练、疑难共商；规范板书、研讨疑难、讲解展示、补充抢答、倾听记录、标模图动、拓展充分。通过多样化学习方法的使用，生物课堂教学一定会妙趣横生、思维活跃、充满活力，余味悠长，从而取得最佳教学效果。

4. 灵活的课堂讨论方法

组织课堂讨论是激活学生思维、丰富学生想象、激发学生兴趣、促进学生主动学习的重要方式。积极有趣、有效的课堂讨论方式，有利于开展师生、生生之间的多向信息交流，有利于拓展学生思维的深度与广度，有利于培养学生主动求知、合作探索、积极进取的意识。能否有趣、有效地组织课堂讨论，是判断一堂课是否能够真正体现学生主体地位，能否培养学生探究能力、创新精神的重要标志之一。

为了科学有效地组织生物课堂讨论，要注意遵循目的性、主体性、激励性、学科性和敏锐性的原则。同时，灵活运用反问法、追问法、暗示法、补充法、评价法、质疑法、举例法、破绽法、反证法、发散法、辩论法、一题多解法、辨析法、联想法、求教法、比较法、鼓励法、询问法、比赛法、抽签法、抛球法、团队法等不同的讨论方法，以取得最佳的课堂讨论效果。

5. 多样的学习方式运用

对于中小学生而言，学生课堂上集中注意力的时间是有限的，一堂课一直运用一种学习方式，很容易产生学习疲劳，降低学习效果。为了提高课堂学习的效率，生物教师要在一堂课中根据生物学科特点，尽可能地运用多种学习方式，提高学习效率。

生物课的学习方式有很多，如讲授学习、观察学习、实验学习、自主学习、合作学习、探究学习、分享学习、迁移学习、总结学习、系统学习等。生物教师要明确不同学习方式的内涵，不同学习方法的实施，每种学习方式分别适用于什么学习内容，从而在一堂课中针对不同的学习内容，有针对性地设计出多种不同的学习方式，提高学生学习的兴趣和效率，让一堂课始终充满活力。

6. 相融的课堂教学境界

“教学相融”是指教师和学生融为一体，教师的教与学生的学融为一体。“教学相融”既是高质量生物课堂教学的基本要求，也是激活课堂精气神，让课堂有效高效的关键。

要在生物课堂教学中达到“教学相融”的境界，可以从以下方面进行修炼：教师以饱满的状态走进课堂；巧妙设计灵活多变的课堂导入；准备好方便实用的生物学习材料；用自己的语言讲出自己对生物知识的理解；课堂上发挥好教师的引导作用；课堂上教师要学会“偷懒”；课堂上教师要学会留白“装傻”；课堂上教师要学会“踢皮球”；课堂上教师要学会“做学生”；课堂上教师要关注课堂生成；课堂上教师要根据学生反馈及时调整教学设计。

“教学相融”的生物课堂是激活师生“精气神”的课堂，是以学生为主体的课堂，是学生畅游生命世界的“学堂”，是学生最有“收成”的课堂，课堂上只有做到“教学相融”，才会最大限度地提高教学质量，提升学生的生物学科素养。

7. 变化的作业设计形式

作业一般是指学生在课堂以外完成的学习任务，因为一般中小学生的课外学习任务需要在家庭中完成，有时也称家庭作业。课外作业是生物课堂教学的重要组成部分，是生物课堂教学的前伸和后延，是教师了解学生和检查教学效果的一个重要手段；也是学生知识应用的初步实践，作业落实的好，就能与课堂教学紧密配合，不断促进学生思维、兴趣、意志等方面的健康发展，为新课的学习做好铺垫，也可巩固和查补所学知识的缺漏。设计少而精的高质量作业对提高生物教学质量非常重要。

生物作业的形式按属性划分，主要有预习作业、随堂作业、课后作业、复习作业、拓展作业、实践作业等。按形式划分，主要有书面作业、调查作业、实验作业、观察作业、小制作等形式。

为了在减轻学生课业负担的前提下，激发学生学习的兴趣，提高生物作业的质量，生物作业设计要注意尽可能多地变换作业形式，依据学习目标和重点内容设计，切记重复抄写和机械训练，注意精选和适量，分层和选择性布置作业，形式灵活多样，有一定新颖性，适当布置一些动手实践、小实验类的作业。

教学修炼无止境，生物教学没有最好，只有更好。同时，教学又是一项充满遗憾的艺术，需要不断发现问题，解决问题，从而实现教学水平的螺旋式提升。只要我们坚持不懈，执着追求，就会在生物教学的广阔舞台上一路前行！

布置课前作业　促进生物教学

课前作业是学生独立、自我学习的活动，属于发现性学习，它可以改变传统教学形成的学生对教师的依赖性，提高自学能力。它克服了验证式教学的弊端，符合学生的认知规律。课前作业布置得当，可以大大提高学生的学习兴趣，培养学生的探究思维能力及观察、动手能力，培养学生的探索发现精神，促进素质教育的全面实施。

课前作业的作用是其他教学手段不可替代的，课前作业是生物课教学的重要组成部分。

初中生物学中的课前作业，主要有以下几种类型：

1. 阅读。也叫预习，是在学完一节课后，布置学生熟悉下一节课的内容，可以列出预习提纲或预习学案，边阅读边思考，使学生从中有所领悟，发现疑难问题。生物学中的许多内容是描述性的，一看就明白，每节课的难点并不多。这样，在课前通过阅读，找出难点，在课堂上就可集中精力突破，使学生轻松愉快地掌握一堂课的内容。

2. 观察。观察作业大多数老师习惯于放在课后，在知道了要观察到的结构现象后，再进行观察，这实际上是验证性学习，有碍于学生发现思维的形成。观察应放在课前或课堂上，观察后总结观察到的有关知识，才符合科学知识的发现规律。如“叶的形态”一节中有关叶序的内容，先让学生课前采集三种叶序的枝条，并提出问题，让学生带着问题去观察，结合课文学生就能很容易地理解叶序的概念、每种叶序的特征，记住例子，总结出叶在茎上排列的共同特点。即使有些问题学生不能理解，也可在课堂上集中精力听取其他同学或教师的讲解而解决。这样，学生在有目的的独立观察中，就可以轻松地获取知识，提高观察能力、自学能力和探究思维能力。

3. 小实验。生物学中的许多小实验，如探究种子的萌发条件、植物细胞的吸水和失水、验证绿色植物的蒸腾作用等，都可放在课前由学生自己完成。课堂上直接由学生说出实验的设计和结果，既节省了时间，又可总结实验成败的原因，提高学生的实验设计能力。

4. 准备实验材料。如《种子的结构》一节，学生在课下把浸泡后的菜豆、玉米种子等实验材料准备好，既省去了老师准备实验材料的麻烦，又锻炼了学生准备实验的能力，提高了学习兴趣，增强了主动参与意识，还能养成学生勇于克服困难的良好品质。

5. 应用。生物学的不少内容都与生产生活密切相关，在课前让学生了解其应用，可调动学生学习的积极性，提高学习兴趣，有助于对学习内容的理解和认可。如选种、灌溉、施肥、松土、排涝、移栽、剪枝等都是植物学有关原理在农业生产上的具体应用。

课前作业要做到具体布置、耐心指导、及时检查和表扬总结，从而提高完成作业的质量和动力，使学生在轻松愉快中学到知识，提高技能，培养能力，促进学生生物学素养的全面提高。

（原文刊载于《植物杂志》1998 年第五期）

农村中学开展生物直观教学初探

生物学是一门实验科学，是在实验基础上获得的有关植物、动物、细菌、真菌和人体形态、结构、生理功能等方面的知识。由于这些知识都是“生命”的科学，较其他学科更具有形象性、直观性，这就决定了生物教学具有直观、生动的特点。

实践证明，直观教学有以下几个好处：首先，可以提高学生的学习兴趣，调动学生的学习积极性；其次，提升学习效率，提高学习效果；最后，可以加深理解记忆，使记忆持久，不易遗忘。

我国是农业大国，经济还不够发达，在普通农村中学，教学条件还很差，没有实验室、没有标本，有的甚至连挂图也没有。在这种条件下，我们如何开展直观教学呢?

一、设法做好实验

生物学作为实验科学，只有通过实验，才能增强生物知识的直观性，增加课堂的趣味性和真实感，调动学生学习的积极性。因此，在中学生物课上开设实验是很有必要的。面对我校没有实验室，只有一些旧、残、坏仪器的现状，我采取了三种方法：

1. 借。如在做《骨的成分鉴定》实验时，用到的盐酸、镊子、烧杯是从化学实验室借来的，骨则是从屠宰场找来的。

2. 自制。主要是想方设法自己动手制作一些简单的生物仪器。例如，生物实验中最基本的载玻片是我亲手用玻璃割制的。在以前，老师怎样讲学生也不知道载玻片是什么，好像很神秘，制作后让学生亲眼一看，就很容易理解了。

3. 利用现有坏仪器做演示实验。如显微镜的使用，我就利用坏的显微镜对其结构和用法做演示讲解，缺反光镜就用小镜子代替，镜筒升降调节失灵就人工固定准焦螺旋，让学生很好地掌握了显微镜的结构和用法。

二、购置教学仪器

在一般农村中学，生物学科作为小三门之一，领导一般不重视，不舍得投资。我一再给领导讲生物学科的特点，同时强调：在其他学校不重视的情况下，我们重视，更容易取得成绩（后来我校连续九年获得生物科中考全县第一）。在我的要求下，我校购置了部分仪器、模型、标本和挂图，大大促进了生物课直观教学的开展。有些学校仪器购买后遗失现象严重，在没有专门教师负责的情况下，我们生物教师要大胆负起责任，做到用好管好。

三、学会绘制一些生物图

1. 绘黑板图。教师下一番功夫，将课本上的大部分生物图在黑板上能简单地画出来，讲起课来既生动又形象，便于学生记忆，如能边画边讲，效果更好。如生理卫生中《脊髓和脊神经》一节，对照课本上的图讲很不方便，绘黑板图后，讲哪里，指哪里，学生就会一目了然。

2. 用纸和毛笔绘一些生物图，用绘制的图代替没有的挂图，也会取得很好的效果。

四、自制生物标本

采集一些植物做成标本，可大大方便直观教学。我在大学里实习时制作了藻类植物、苔藓植物、蕨类植物、种子植物的标本100多件，特别是当地没有的海生藻类植物等标本，大大激发了学生的学习兴趣，提高了课堂教学的效果。

五、熟悉本地生物资源

在课本中选取的代表动植物是典型的，但在本地不一定常见。因此，在教师了解掌握本地的动植物资源后，讲课时列举学生熟悉的当地常见动植物，就能让学生有直观感受，并让学生对生物课产生亲近感。例如，在《植物学》中讲到蕨类植物时，课本上举的例子是蕨菜，而当地只有木贼，俗称“节节草”，是学生非常熟悉的，将木贼做代表植物学习，就可以让学生加深对蕨类植物的认识，增强直观感受和记忆。

六、联系学生熟知的生命现象，激发学生形象思维

学生熟悉的生命现象是生物直观教学的宝贵资源。例如，在讲条件反射时，让学生回忆饲养鸡鸭时利用的条件反射，很容易就能理解条件反射建立的过程。

七、利用现有条件做实物讲解

初中生物课中的很多内容可以采集实物标本进行讲解。如，植物学中《叶的形态》一节，可以采取各种叶形、叶脉、叶序的树叶和树枝进行讲解，学生既容易理解，又容易记忆。

在一年多的教学实践中，我采取了上述措施，收到了很好的效果，在促进生物课直观教学方面取得了一定的成效。

除此之外，笔者还有两点思考：

1. 建立生物兴趣小组，更好地开发当地的生物教学资源，为生物直观教学开拓出更广阔的空间，同时培养学生兴趣，为组织参加生物学奥林匹克竞赛培养苗子。

2. 创办生物园，培养一些动植物，为生物实验和直观教学提供材料保证。

我坚信，只要坚持不懈地探索，普通农村中学的生物直观教学之路将会越走越宽！

（本文写于 1989 年 10 月）

改革传统教学方法　积极推行素质教育

众所周知，素质教育势在必行，作为二十一世纪带头学科的生物学，在培养新世纪人才素质上起着举足轻重的作用。长期以来，我国中学生物学教学在传统教育思想影响下，较多地适应了课堂讲授的教学方法，教师把教材中知识点讲透，要求学生记住便万事大吉，结果是老师讲得口干舌燥，学生听得枯燥乏味，背得头昏脑涨，像和尚念经，效率极低。学习对学生不再是一种愉快的事情，而成了一件苦差事、一种负担，致使部分学生丧失学习兴趣，产生厌学情绪。即使一部分学生通过死记硬背考出了高分数，但高分低能现象严重，有的学生学了 3 年生物课，显微镜不会使用，装片不会制作，有的甚至连麦苗、韭菜也分不清，更别说用所学知识解决实际问题指导生产生活实践了。这样，学生学习生物学就失去了它原有的意义，与新大纲提出的“使学生获得生物学基础知识，并应用于生活、生产实践，具备初步的实验能力和科学素质”的教育目标是背道而驰的。

那么，如何解决当前生物教学中存在的诸多问题，使中学生物教学适应素质教育的要求呢？笔者认为，教师应变灌输式教学为启发式教学，变单纯传授知识为注重培养能力，重视实验教学和直观教具的应用，把生物教学与生产、生活实践联系起来，彻底转变陈旧的教学思想，运用现代教学手段，改革教学方法，全面提高学生素质。

一、启发式教学——开启学生思维的金钥匙

喜欢用灌输式教学方法是传统生物教学的通病之一。只把学生看作教

育过程的客体，把学生置于被动的地位，使其成为消极的知识接受者，严重挫伤了学生学习的积极性，影响了其主观能动性的发挥。

启发式教学与灌输式教学相反，认为学生是学习和接受教育的主体，教师通过启发诱导可以使学生主动参与整个学习过程。生物课贯彻启发式教学，可以从以下几个方面入手：

1. 课堂引入要从学生熟悉的自然现象、生活实践和生产实际引入，言简意赅，起到启发诱导、引入新课的作用。

2. 教学中一般先安排观察实验，引入基本概念和原理，最后将理论知识与生产实践相联系，解决生产生活中的实际问题。

3. 课堂语言生动有趣，对学生多启发、多提问、多激励，让学生多观察、多动手、多思考、多讨论，从而激发学生兴趣，使学生在课堂上始终处于思维活跃、精力集中的状态。

4. 切实利用好新教材增加的“动动手”“动动脑”“小实验”“想一想”“你知道吗？”等栏目，引导学生动手动脑，积极主动地完成学习任务。

二、直观教学——把抽象的知识形象、具体化

只注重讲而不注重直观教学手段的运用是生物教学的通病之二。初中生物课主要学习生物体的形态、结构和功能，对以形象思维占优势而抽象思维还不很完善的中学生来说，只通过教师讲解很难准确、全面地把握生物的形态结构及其与功能的关系。充分利用各种直观教学手段，使教学内容形象、具体化，学生就可以准确地把握所学内容。

1. 自然直观。就是让学生观察真实的自然物，包括生物活体或部分器官、生物标本、演示实验过程等。学生对真实的生物体很感兴趣，自然直观应是生物课首选的教学手段。

2. 间接直观。间接直观中运用最广泛的是图，它包括插图、挂图、剪

贴图、活动图板、黑板画、幻灯片等类型，它可使教学内容在一个平面上形象化。但对于一些立体结构，图就不起作用了，这就需要模型，模型可表现生物的外形和内部构造，有的可拆装或进行活动展示。因模型很接近实物，在生物教学中得到广泛的应用。

现代教学手段如课件、录像、动画、电子计算机的应用，可动态表现一些生命过程，使教学内容更加直观生动。

3. 语言手势直观。对一些综合性、理论性较强，无法运用直观教具的内容，就要锤炼出生动的语言，运用贴切的比喻、恰当的拟人等修辞手法，再配以适当的手势、表情，引发学生的形象思维和直观想象，加深对教学内容的理解。即使自然直观和间接直观，也要配以生动的语言和手势，才能使课堂生动、气氛活跃。

三、培养能力——能力比知识本身更重要

重知识传授，忽视能力培养是传统生物教学的通病之三。生物教学的主要目的是使学生学会基本的观察、操作和实验技能，具备较快的独立接受新知识的能力。学生学到的不应是一些僵死的知识，而应是获取知识的方法和能力。按照新大纲的要求，初中生物课应培养以下 4 种能力：

1. 观察能力。观察是用科学的方法带着一定的目的对生物的各个方面进行探究，观察要具有敏锐性、深刻性和完整性，这只有在科学指导下通过长期的训练才能达到。教学中除教材要求的观察实验外，还可在课下安排一些观察作业，对植物的形态特征、结构组成和生理现象，动物的生活、行为等进行观察，写出观察记录。

观察要排除“这些学生都见过”的思想。人们经常见蚂蚁，但问起蚂蚁几对足时，却很少有人说得出，因为这不是有意识地观察，只有在教师指导下运用正确方法进行有目的的观察，才是正确全面的观察。

2. 实验能力。生物学是实验科学，通过生物课教学，应使学生接受实验技能的训练，初步具备进行科学实验的能力。基本的实验技能主要包括显微镜使用、装片制作、动物解剖和一些探究实验，明确实验目的，学会使用有关仪器,领会实验设计思路,分析总结实验结果,设计一些小实验等。

实验技能训练是培养实验能力的基础，是科学方法训练的重要手段。仪器使用和操作步骤必须规范，实验结果要如实记录，不可抄袭或人云亦云，生物图要严格按绘图要求绘制。

在领悟实验基本思路的基础上，要引导学生改进已做实验，独立完成教材中的小实验，鼓励自行设计实验。这对提高学生学习兴趣，培养实验能力和探索精神是大有益处的。

3. 思维能力。培养思维能力需要有意识地启发诱导，把学生置于问题之中，学生有了问题及解决问题的需求时，思维就会活跃起来，在发现问题、分析问题和解决问题的过程中，思维能力就会得到培养和发展。

4. 自学能力。自学能力是学生独立获取知识的能力。它在不同层次学生间有很大差异且与教师有意识地培养有很大关系。自学能力主要通过自学活动来培养。学生自学不是说教师可以撒手不管，需要老师指导学生带着问题预习，及时有重点地复习，在阅读实验中发现问题，尽快形成适合自己的高效的学习方法。

四、学以致用——把生物课与生产生活实践联系起来

教学脱离实际是在应试教育背景下形成的传统生物教学的通病之四。传统生物教学只为了升学时的高分数，只要求学生记住教材中的知识点，做各种类型的练习题，这完全脱离了生活实际，背离了学以致用的教育目的。

义务教育是面向全体学生的国民教育，教学不是为了少数学生升学深

造，而是使全体学生掌握基本的生物学知识，指导生产实践，提高生活能力。在教材编排上，编者注重选取了与生产生活需要密切联系的内容。如植物学部分选取了播种、移栽、施肥、松土、剪枝等内容，直接指导生产实践；生理部分选取了血压、视力、肺活量等常规体检项目和人体卫生保健、青春期卫生等知识，力求使学生自觉参加体育锻炼，养成良好的卫生习惯，正确对待青春期发生的生理及心理变化，具备较强的生活实践能力。

教学中我们要深刻领会编者意图，结合当地实际，并与劳技课、活动课结合起来，真正用生物课指导生产生活实践。

五、课外活动——培养能力、发展特长的有效途径

重视课堂教学，忽视课外活动是传统生物教学的通病之五。课外活动是生物学教学的有机组成部分，是课堂教学的补充、扩展，是培养能力、发展特长的好途径，是联系生产生活实践的好形式。课外活动以学生在活动中获得的直接经验为主，手脑并用，可充分发挥其主动性和创造性，是课堂教学不可替代的。

生物课中的有些内容，如一些小观察、小实验、小调查、实验材料采集等，在课堂上是无法进行的，必须在课下以个人或小组形式灵活安排在课外进行；生物课与生产生活相联系的实践性内容，也宜放在课外进行。另外，还可结合教学内容，组织一些参观、讲座、标本采集、知识竞赛、小论文、小制作等活动，有条件的学校还可设置生物园，饲养栽培一些与教学密切相关的动植物，作为生物教学的基地，可大大方便生物教学。

（原文刊载于《中小学教育研究》1999 年第二期）

一堂好课的标准

一、有明确可以达成的学习目标

义务教育阶段生物学课程要培养的核心素养，主要是指学生通过本课程学习而逐步形成的正确价值观、必备品格和关键能力，是生物学课程育人价值的集中体现，主要包括生命观念、科学思维、探究实践、态度责任。但是 1 节课只有 40—45 分钟，要在有限的时间内完美地达成设定的四方面的核心素养目标是很困难的。而且，四方面的核心素养大多是隐性的，需要慢慢渗透，不是 1 节课就能快速培养起来的。在制定学习目标时，应该注意设定的学习目标要明确且可以达到，核心素养的四个方面可以都涉及，占的分量可以有所不同，也可以有所取舍，要根据学习内容和学生具体情况进行设定，学生基础弱，目标可以适当降低，程度非常好，可以定得高一些，根据“够一够摘桃子”的原则，要让学生能够得着，1 节课能够完成基本的学习目标。

二、给学生传递足够的信息量，让学生掌握基础的生物学知识

根据因材施教的原则，教师要根据学情决定传递给学生信息量的多少和深广度。包括学生的接受能力和当地的实际情况等。有些老师将课程改革理解成仅是学习方式的变革，课堂气氛很活泼，学生也很活跃，但是一节课下来，学生获得的知识非常少，没有足够的信息含量，这也不能算是一节好课。一堂好课要给学生传递足够的信息量，让学生能够感受到真切

的实际获得，掌握基础的生物学知识，形成基本的生命观念。课程改革是教学理念、教学目标、教学内容、学习方式、评价方式等多个方面的改革，学生只有在掌握生物学基础知识，形成基本生命观念的基础上，才能够应用生命观念分析解决生活中遇到的一些与生物学相关的实际问题，提高学生的生物学核心素养。

三、核心内容、重要概念要科学、准确、严谨

生命观念、科学思维、探究实践、态度责任等核心素养目标的设定，并不意味着知识目标重要性的降低，对于中学生来说，知识的学习，特别是生物学核心内容和重要概念的学习是至关重要的。这是生物学学习的基础，如细胞、光合作用、呼吸作用、生态系统等重要概念。生物学核心内容和重要概念是生物学核心素养的重要组成部分，一堂好课要帮助学生学会科学、准确、严谨地表述核心内容和重要概念。

四、真正做到以学生为主体，以教师为主导

“学习是学生学会的，不是老师教会的”，老师教得再好，学生不参与，也不会在学生头脑里留下痕迹，学生也掌握不了学习方法，形不成学习能力。因此，我们要彻底打破教师主宰课堂的局面，唤醒学生的主体意识，告诉学生我的课堂我做主，我展示我精彩，培养学生的问题意识和参与意识；让学生当小老师，动手操作，学会交流，主动竞争，真正变“老师当演员，学生当听众”为“学生当演员，教师当导演”。课堂上学生的主体地位主要体现在学生自主地高效自学、积极合作、充分交流、展示答疑、反馈巩固，真正让学生通过自己主动学习掌握知识。

新课改背景下，教师的角色定位是学生学习的组织者、引领者、合作者、促进者。教师在课堂上的主导作用主要体现在指导学生自学、创设问

题情境、组织讨论展示、进行精讲点拨、对学生活动进行评价、针对反馈深化教学。教师要精心设计、调控好课堂，对学生自学时的指导、讨论时的提示、展示拓展时的点拨，矫正时的补充都要具体、到位、恰到好处。如学生遇到思维障碍时的提示，学生争辩情景的创设，都是教师主导作用的具体体现。教师的主导作用很像导演，重在导而非演。

五、面向全体学生，给弱势群体更多的关怀和机会

虽然老师在课堂上会安排学生进行小组讨论，但一般情况下，小组中的薄弱生很少有机会发言，主要是优秀学生在主导发言，薄弱学生只会随大流，在小组讨论结束进行成果汇报时，也多半是优秀学生上台发言。为了真正做到面向全体学生，让每一个学生学有所获，老师可以点名让一些薄弱学生发言，也可以在小组评价中给予薄弱学生发言较多的分数，从而有效地防止学生分化，落实面向全体学生的教学理念。

六、合理运用分组教学，进行有效的自主探究合作学习

分组教学是课改课堂的主要组织形式。根据各地情况，2 人、4 人、6 人小组的情况都有，分组一般都遵循“同组异质”原则，即在同一小组内学生的成绩、年龄、性别、性格各不相同，便于小组互补，便于小组内学生相互取长补短；小组间基本上是均衡的，这样利于小组之间的竞争和评价。分组教学的实质是实现有效的合作学习，加强小组建设，可以从以下几个方面入手：组内分工，组内合作，评价机制多样化，关注各组不同层次学生参与活动的机会，形成组长负责、兵教兵、兵强兵的机制，同时对小组要实行动态管理。

为保证自主探究合作学习有效，我们要按学生的认知规律和知识探究生成的过程设计教学，以培养学生的探究意识和创造性思维。让学生养成

自学训练快速充分，讨论展示全神贯注，补充质疑积极主动的习惯，保证师生、生生交流畅通、有效、有序，极力避免形式上的、不必要的、无价值的交流。

七、进行科学思维方法和科学探究能力的训练，并及时给予评价

训练学生尊重事实证据，能够运用比较和分类、归纳和演绎、抽象和概括、分析和综合等思维方法认识事物，解决实际问题，初步形成基于证据和逻辑的思维习惯；能够进行独立的思考和判断，多角度、辩证地分析问题；运用科学思维探讨真实情境中的生物学问题。

在进行科学探究活动时，要训练学生从生物学现象中发现和提出问题、收集和分析证据、得出结论的能力，既要关注探究活动的过程；对于探究活动的结果也要足够重视，不能出现活动结束后，学生还不知道自己做得对不对、好不好的情况。老师既要对探究活动的过程及时评价，又要对学生探究活动的结果进行评价，指出探究活动的优点及有待改进的地方，老师也可以对学生探究活动的结果打分，作为学生的平时成绩。

八、真正实现师生民主平等和课堂开放

在新型课堂上，教师与学生民主平等的关系是最重要的。民主平等一方面体现在形式上，如教师要走下讲台、走近学生，学生可以给教师提出质疑，让学生充分发表意见，把讨论展示的机会让给学生等；更重要的是让学生解除心理障碍，让学生不再惧怕、迷信教师，能够真正放开地结合自己的生活常识和知识积累去思考，完善自己已有的前概念，建构自己的知识体系，而不是教师强加给学生知识。只有在民主平等的氛围中，学生才有问题意识，才有自己的思考和判断，才能够培养学生的创新能力。

课堂开放主要是让学生的学习不受禁锢和约束，如提问可以不举手，

课堂可以不端坐，学生思维活跃，积极主动地参与学习，能联系已学知识和生活经验，同时生成一些新知识、新问题。课堂开放主要包括学习内容、学习空间、学生思维和教学结果四个方面的开放，学习内容可以拓展到教材以外，可以与当地的生产生活相结合；学习空间除了教室可以扩展到实验室、图书馆、校园、公园、博物馆等场所；学生思维的开放是开放课堂的关键，学生只有在思维高度活跃的状态下才能思维敏捷，快速地吸收和解决疑难问题；教学结果不一定等同于预设，一堂课预设 10 个问题，但可能收获 12 个问题，多出来的 2 个问题哪里来，课堂生成的，当然预设的 10 个 完成 9 个也是正常的。

九、设计并运用多样化的教学策略和学习方式

新课改强调要转变学生的学习方式，倡导自主探究合作学习，这就要求老师改变传统的“讲、问、答”的教学方式，在课堂上根据教学内容设计运用多样化的教学策略和学习方式。一堂好课应在重点、难点、关键点上组织有效的学生参与的活动。方法是为内容服务的，教学策略和学习方式的选择是由学习内容决定的，课堂设计不能为方法而方法，如倡导探究但不能什么内容都探究。学生已经学会的内容也不用刻意去设计学习活动，课堂上设计探究、讨论、展示、实验、多媒体辅助教学的内容都应该是课堂学习的重点、难点和关键点。

根据不同内容设计多样化的教学策略和学习方式是一个基本原则。比如，老师在讲科学史时，经常会采用提问的方式，让学生回答科学史资料中哪些地方是提出问题，哪些地方是作出假设，科学家是如何进行实验设计的，等等。其实，老师大可不必固守这套教学思路，科学方法是需要学生领悟的，老师在刚开始讲科学史时，可以借助这套思路帮助学生分析，之后就可以放开手脚，由学生自己阅读资料，自己分析。

十、重视大单元整体教学，逐步让学生形成一个系统的知识网络

在新授课学习时，教师要按照单元整体设计教学，不要孤立地让学生学习本节课的知识内容，在学习新课前，可以引导学生复习上节课的知识，由此引出本节课所要学习的内容；在课堂上将与本节课相关联的已学知识穿插进来，从而完成新旧知识的整合，逐渐形成一个单元的甚至是整体的系统知识结构网络。很多老师习惯于在复习时才帮助学生进行知识梳理，实际上，老师完全可以在新授课学习中就梳理相关知识，帮助学生形成结构化的知识体系，这样学生学习的知识就不会支离破碎。

十一、对教材进行校本化改造，并与实践充分接轨

对教材的校本化改造包括三个方面：一是根据学情对教材内容进行改造，如学生基础差要降低难度；二是教材本土化改造，即将教学内容与当地的生产生活实际接轨；三是对教材进行问题化处理，将教材转变成适合学生学习的材料，方便学生自主、探究与合作学习。

学以致用，教学过程重实践是新课程提倡的一种重要理念。一是教师在导学案上问题设计、疑难展示、拓展提升环节设计与实践接轨的问题；二是让学生自己结合所学知识谈应用或设计与实践接轨的问题，从而教给学生分析解决实际问题的方法，形成实践应用的能力，这种能力对学生是终生受用的；三是要尝试设计一些跨学科的实践活动，利用多学科知识综合解决实际问题。

十二、结合生活和社会，给学生健康、丰富的思想营养

课程标准的目标要求强调，要树立健康意识和社会责任感，能够强身健体和服务社会。我们要引导学生关注身体内外各种因素对健康的影响，在饮食作息、体育锻炼、疾病预防等方面形成健康生活的态度和行

为习惯；引导学生理解科学、技术、社会、环境的相互关系，初步形成生态文明观念，积极参与环境保护实践，主动宣传关于生命安全与健康的观念和知识，成为健康中国的促进者和实践者；引导学生关注生物科学知识在生活、生产和社会发展中的应用，在课堂中介绍现实生活中常用的生物学知识，给学生补充健康、丰富的思想营养，让学生能够用学到的生物学知识解释、解决生活中的实际问题，引导学生形成科学正确的人生观、世界观和价值观。

生物课教学应处理好的十大关系

一、基础知识和创新能力

课改强调要提高学生的创新能力和实践能力，因而，很多老师把提高学生的创新能力放在首位，忽视了基础知识的重要性。其实，基础知识和创新能力并不是矛盾的，我们应看到两者的统一性，知识多的人，往往创新能力也强；创新能力强的人，也更会学知识。在基础教育阶段，生物学的基础知识对于中学生参与社会公共事务、作出个人决策还是非常重要的。具有创新能力的人基础知识更牢固，更有利于创新。国外评价中国学生的基础知识是扎实的，虽然有时方法不太合适，但扎实的基础知识还是有必要的。钱学森读高中时的试卷，写得非常漂亮和严谨，考了 100 分，他发现符号错误，又让老师改成了 99 分，这是有创新能力的人基础知识也很扎实的典型案例。中国学生缺乏创新能力，需要自主探究合作学习，体现学生学习的主体性，但也不能忽视了基础知识和核心概念的教学。

二、教学内容和学习形式

内容决定形式，学生在学习不同的内容时，应根据内容不同采取不同的学习形式，不要所有的课都采用同一种学习形式。毛泽东主席讲，过河是目的，但方法有多种，不管什么方法，达到过河的目的就可以。因此，方法应服从于内容，不要用过于作秀的方法转移学生的注意力。尤其在多媒体资源非常丰富、大力提倡自主探究合作学习的今天，在进行课堂设计时，一定要清楚众多的多媒体资源和多种多样的学习方式都是为学习内容服务的，一定要坚持教学资源和学习方式选择服从于学习内容的原则。

三、教师主导和学生主体

重视学生主体地位的发挥，但绝不能忽视教师的主导作用。现在，有些人觉得“教师主导”不重要，在课堂上，教师只是引导者、组织者、辅助者，处于次要的位置，但是，没有教师的指导，学生很难从“学会”上升到“会学”的层次。教师主导和学生主体的关系形象的比喻就是教师做导演，学生做演员。列宁在《论共青团的任务》一书中说：“决定学校方向的是教师。”我们在重视学生主体作用的同时，一定不要忽视教师的主导作用。

四、共同基础和个性发展

生物学作为义务教育阶段的必修课程，生物学的基础知识和基本能力是对全体学生的共同要求，这是全体学生在具备基本生物学素养，适应基本的生产生活方面，成为合格公民的共同基础。但对于对生物学特别有兴趣的学生我们也要提供特长发展的机会，为高中、大学阶段培养从事生物学、医学等方面的专业人才培养苗子。如面向部分对生物学感兴趣的同学开设校本课程、生物兴趣小组活动、指导部分学生参加创新实验等，都可以让这些学生在生物学上开阔视野，很好地促进这部分学生的个性发展。

五、探究性学习和接受性学习

探究性学习反映学习的过程性，接受性学习是直接接受一些知识，两者都可以用，并不相互排斥和矛盾，探究性学习可培养学生的创新思维和探究能力，但较费时。有些内容可以直接接受，直接讲或让学生查书、查资料等，让他们主动接受。美国的教科书一般都比较厚，里面的各种活动很多，但是，教师并不是把教科书里所有的内容、所有的活动都讲授给学生，而是有一定的选择性。有些老师觉得教材中的探究活动比较多，很难做到全部完成。其实，老师完全可以参照课程标准对探究活动的要求加以区分，课程标准里面规定必须要完成的探究活动是必须要做的，里面没有要求而教材中出现的探究活动可以视各学校情况灵活掌握。

六、探究过程和实验结果

探究过程和实验结果两者同样重要。在进行探究性实验教学时，有些老师比较关注探究实验的过程，而对实验结果不重视，有些老师比较重视探究实验的结果，而不太重视探究实验的过程，这两者都是不可取的。对于探究实验，我们既要重视过程，让学生养成科学严谨的探究习惯，又要重视结果，通过对学生探究实验结果的评价，让学生在探究实验结束后，知道自己在哪方面做得比较好，在哪方面还需要继续努力，对学生探究实验的过程和结果也可以采取打分的方式，作为学生的平时成绩。

七、课堂设计和课堂生成

有些老师在进行课堂设计时，也就是写教案时，写得过于详细，老师提问什么问题，学生如何回答都写得一清二楚，以至于老师一直追问学生，直到听到想要的答案才罢休。其实这完全没有必要，课堂设计只要有个大概的框架和步骤就可以了，课堂设计要给课堂生成留有余地，根据学生在课堂上学习情况反馈和生成的新问题，以及师生交流时出现的新思路，进行有针对性的二次设计和解决，才更有价值。

八、静态高效与动态课堂

静是高效自主学习的需要，静可以保证思维的高度活跃，防止相互间的干扰；动是合作交流的外在表现，动与静都是学习的外显行为。学习的关键在于静要高效率，动要高质量，动静要有序。动与静看似矛盾，其实都是为学习服务的，新课程要求的合作交流需要打造动态课堂，但也要以静态的自主高效学习为基础，同时要收放有度，对学生动的行为进行规范，如发言不举手、抢答不上马上停、简单问题让给后进生等，从而实现课堂的快节奏、大容量、高效率，打造动静结合的高效课堂。

九、教材使用与拓展延伸

现在的中小学课程分国家课程、地方课程和校本课程，各市地根据当地实际选用不同版本教材，并编写地方教材，这是课堂教学的主要依据。一线的中小学教师除使用教材外，应该在选用教材基础上结合生活、生产进行拓展，拓展延伸除与实践结合外，还可采用谈学习感悟、编课本短剧等方式。

十、继承发扬与改革创新

自主探究与合作学习是学习方式的变革，但绝不是对传统教学的全盘否定。新课改主要是改掉传统教学中不利于学生综合素养提高的方式方法，全面提高学生在组织、交流、分析、表达、实践、合作等方面适应未来社会生活的能力。但对于传统教学中的精华，如复杂抽象问题的精讲、实物标本和教具的应用、适当的训练等还是要继承的。

目标教学在生物教学中的应用

目标教学作为一种教学思想、理念和方法，它可以运用到各科教学中，但根据各学科的特点，在目标制定、课堂实施、课堂检测、反馈矫正等具体环节的操作上又有所不同。

一、生物课运用目标教学的特点

1. 实验教学是生物课教学的重要特点。生物学作为实验科学，它是在实验基础上建立发展起来的，生物学的每一部分内容，甚至每一章节都与实验紧密联系，都要在教师指导下通过亲自实验或教师演示来实施教学，落实教学目标。九年制义务教育生物学教材在这方面体现更为突出，我们在教学实施中应注意生物课实验性的特点，让学生多观察、多动手、多实践，从而提高学生的实验设计能力和操作技能。

2. 生物学作为生命科学，具有生命性的特点。我们学习的生物形态结构是静态的，而生物体是有生命的、动态的。生物学科教学目标的制定和实施一定要与有生命的生物体联系起来，用动静统一的观点和普遍联系的观点来理解生物体的形态结构及其与功能的关系、生物体与环境的关系、生物体内各结构的协调统一，同时生物学的内容本身就具有很强的生命性和趣味性，对生命科学的教学一定要直观、生动、形象。

3. 初中生物学主要是对生物的形态、结构和功能进行描述性学习。在初中生物学中，基本概念、基本结构和描述性的内容较多，易理解，难记忆，这有别于数学等推理性的学科。针对这一特点我们可以采取教师出示目标—实施教学—达标训练的基本课堂操作模式。

二、生物课进行目标教学的方法

1. 教学目标的制定：教学目标是目标教学最显著、最突出的特征，它不同于教学目的，是微观的、具体的，其时间和范围一般是既定的。我们制定的教学目标应有高度的具体性、确定性、可操作性和可测性，而且要着力于外显的能力培养。教学目标一般要用在学习结束时能达到的可测的外显行为动词来描述，如记住、写出、复述、熟记、比较、验证、制作等，而不能用理解、掌握、了解等模糊的行为动词。

生物课内容琐碎，知识点较多，我们制定的教学目标应尽可能地具体、详细，不要过于笼统和概括，以保证目标的具体性、确定性和可测性。如“熟记光合作用的定义”“写出光合作用的公式”等。

教学目标是师生活动的核心，教师要围绕目标而教，学生要围绕目标而学。它既是师生活动的共同目标，也是检测目标达成度的标尺。我们要针对学生程度和教学内容，制定出尽可能准确、具体、恰当、适合的目标。

2. 教学目标的实施：达标的过程，这是课堂教学的主要环节，是教师采取各种措施，通过师生共同活动完成既定教学目标的过程。

达标过程一般分为：

（1）铺垫导入：铺垫是在新课开始时，对学习新内容必备的、铺垫性的相关知识的补充和测评。其目的是了解学生情况，摸清其接受新课的能力，补充与新课相关的知识，使全体学生进入学习前的预备状态，为新课开始做好准备。可采用提问、爬黑板等形式回顾所学知识。如讲“受精、果实与种子形成”时，先复习子房的结构，从而为新课的讲述铺平道路，并自然地引入新课。导入是用最短的时间、最简捷的话语，巧妙地引入课题，一般可以结合生活常识或学过的内容进行，它是联系新旧知识的桥梁，引导着学生的思维方向。如“叶的结构”的导入语“上节课我们学习了‘叶的形态’，那么叶的结构又是怎样的呢？今天我们就来学习这部分内容”。这就使学生的思维很自然地过渡到新课的学习。

铺垫有时可以取消，而导入一般是必有的，因为好的导入是课堂的良好开端，在一定程度上决定着一堂课的成败。

（2）目标展示：把制定的目标展示给学生，引起学生注意，增强学习兴趣，调动学习的内在动力，激发学生向既定的目标挺进。展示目标的方式可用口述、小黑板、投影仪、多媒体课件等，目标展示的时间可以在引入新课后一次性集中展示，也可贯穿在整个教学过程中分别展示，或在教学结尾时提示，即将目标倒置。

（3）精讲点拨：精讲即只讲新知识新环节。每节课内容都有许多是学生学过或已经知道的生活常识或是学生一看就明白的，对这部分内容可采取学生回忆、联系实际回答、阅读等方式解决；但对学生没学过的，不懂不会的新知识，就要作为重点进行突破，抓住问题的本质，运用挂图、标本、模型、生物图、黑板画、动画、课件、视频、实验等各种手段进行重点突破，加深学生对知识的理解和记忆。同时生物课的直观性、灵活性、生命性也要在精讲中加以体现。如“叶的形态”一节中，叶形部分学生常见也易理解，可让学生自己阅读并对照实物标本来学习，而叶的组成、叶脉则需选取实物标本进行精讲。

点拨即在精讲的基础上对知识进行纵向和横向的联系与加深，解决学生的疑问，并帮助学生实现新旧知识的转化，这种转化是在教师帮助下学生自己去实现，而不是教师代替去实现。如讲种子形成时，无胚乳种子的形成就要与前面讲的大部分双子叶植物无胚乳而子叶肥厚联系起来加以点拨。

对于九年制义务教育教材中的实验、实习、观察，我们可采取学生先阅读、观察，再精讲实验关键及难点，然后在教师指导下操作的方法。对于简单的观察、实验，我们可放手让学生课下去做，老师只对学生观察、实验的情况进行指导或矫正评价，这样更能培养学生的动手能力和探索精神。

精讲点拨是新旧知识转化的关键环节，备课时要下一番功夫，在讲解方式、教具选用、标本采集及选取、教学语言、知识联系与延伸、板书设计、课件制作等方面都要仔细斟酌。

（4）达标训练：这一环节是对所学知识的强化训练，也是目标教学的一个重要步骤。训练题的制定一般要遵循三个原则：①以教学目标为依据并达到目标要求水平。②有足够的练习量。③保证训练对所有学生的有效性。训练题一般分 3—5 个题组，题组划分以低起点、密台阶、小坡度为原则，这样可以保证所有学生都能上得去，遵循循序渐进的教学原则，使学生成绩大面积提高。

训练题组出示，可用口述、小黑板、投影仪、课件、印发等形式。

训练可在新授结束后一次进行，也可以在新授中穿插进行。

每一题组训练完成后，都必须及时、准确地进行反馈、矫正，对知识的不足进行补救。

3. 教学目标的检测：也叫反馈测评，可以把与教学目标相对应的目标检测题印发给学生或用多媒体出示，限时完成，完成后公布答案，学生自评或互评，教师根据检测反馈情况，获得目标达成度，进而安排矫正，深化教学。

目标检测的手段不仅限于做目标检测题，提问、观察、讨论、练习、作业、小测验等都可反馈学生的达标情况。

4. 教学目标的补救：教师根据检测反馈的情况，进行分析统计，针对未达标的内容和学生采取补救措施，给学生第二次达标的机会，最终做到全部达标。在课堂教学中对学生接受情况的观察，比做检测反馈题本身更为重要，因为它可贯穿课堂教学的始终，并可以及时调整教学，安排矫正补救。

课下作业是教学目标巩固补救的常用措施，可以是学习内容的自主复习，可以是有针对性的做补救题，也可以是针对能力提升或知识拓展的实践活动。

三、生物课运用目标教学的体会

实践证明，目标教学是符合教学规律和学生认知规律的，只要根据生物学科的特点进行目标教学，就一定能取得良好的效果，大面积提高教学质量。

第一，目标教学克服了教与学的盲目性、随意性。师生双边活动有了客观性的标准和依据，使教有目标，学有奔头，大大提高了学生学习的主动性。

第二，目标教学克服了传统老师讲、学生背的注入式教学弊端。老师围着学生转，学生围着目标转，真正体现了“教师为主导，学生为主体，训练为主线”的原则。

第三，目标教学充分体现了循序渐进的教学原则。精讲前的铺垫导入，教师对重难点知识的精讲，不同梯度的达标训练都使学生一步一个脚印，形成完善的知识体系，达标检测和矫正补救又使学到的知识进一步得到深化和完善。

第四，目标教学真正使升学教育转变为素质教育。避免了只重尖子生、忽视全体学生的弊病，使教学面向全体学生。同时，由于课堂上学生活动的增多，加强了学生能力的培养，大大提高了学生阅读、观察、口头表达、实验操作等综合能力，真正达到了既学习知识又培养能力，还注重应用的目的。

第五，目标教学使学生掌握知识的情况及时得到反馈。对学生学习中的错误和不足及时进行矫正、补充，使学生的知识结构得到进一步完善。

第六，目标教学可以有效防止学生的两极分化。学生知识的缺陷可以通过铺垫加以弥补，学习中听不懂的问题可在反馈矫正中得到及时补救，防止学生学习热情的丧失，保证学生成绩的全面提高。

附件

目标教学设计课例《骨》

初中生物第二册第三章第一节（人教版1994年第一版）

课　题：骨

教学目标：

1. 说出运动系统的组成和功能。

2. 学会骨结构的观察方法。

3. 复述长骨的结构及适于运动功能的特点。

4. 学会骨的煅烧及脱钙实验的操作方法，并能分析实验结果。

5. 复述骨的成分及不同年龄阶段骨的成分和物理特性的变化。

6. 知道骨怎样生长。

7. 说出体育锻炼对骨的影响。

8. 说出骨折发生的原因、易发部位、症状，学会骨折急救的方法。

教学重点：骨的结构及成分。

教学难点：骨的结构。

教学方法：目标教学法、实验法。

材料用具：纵向剖开的猪新鲜长骨、鱼的肋骨、在盐酸中浸泡的鸡长骨、镊子、解剖刀、酒精灯、试管、清水、火柴、15%稀盐酸。

教学过程：

【铺垫导入】

今天我们开始学习第三章 运动（板书）。我们做一个屈肘动作，大家想一想这个动作是由哪些部分参与完成的呢？

人体的任何一个动作，都是在神经系统的支配下，由于骨骼肌的收缩，牵引所附着的骨绕着关节活动完成的。这样，由骨、骨连接（关节是骨连接的主要形式）、骨骼肌组成人体的运动系统，人体的运动就是由运动系统来完成的。那么，骨、关节、骨骼肌的结构怎样？它们又是如何适应运动功能呢？今天我们首先学习第一节 骨（板书）。

【展示目标】运用投影出示，指定一名学生认读目标。

【精讲点拨】骨在运动中起杠杆作用，很坚固，这与其结构和成分有密切关系。

一、骨的结构

我们以长骨为例，来说明骨的结构。

（一）实验

观察长骨的结构。教师取一纵剖的新鲜长骨指导学生进行观察。

1. 观察骨膜：教师用解剖刀从骨表面分离出一层骨膜，用镊子夹住骨膜，轻轻拉一拉，说明骨膜很坚韧。

2. 观察骨质：观察骨的纵剖面，结合挂图，指导学生辨认骨松质和骨密质，认识骨松质和骨密质的位置及结构上的区别。

3. 观察骨干中央的骨髓，辨认其颜色，除去骨髓后，看到中央的空腔，即骨髓腔，长骨呈管状。

（二）结合挂图精讲骨的结构

- 骨
  - 骨膜：坚韧的结缔组织膜
    - 血管：营养
    - 神经
    - 成骨细胞：生长、再生
  - 骨质：
    - 骨松质：两端，疏松、蜂窝状，承受一定压力
    - 骨密质：骨干，致密坚硬、抗压力强
  - 骨髓：造血

（1）骨髓腔：幼年红骨髓（造血）⇄（年龄增长 →；← 大量失血）黄骨髓（不造血）

（2）骨松质：始终有造血功能。

长骨适于运动的特点：管状结构，轻便、坚固，适于运动。

二、骨的成分

骨的坚固性不只与骨的结构有关，与骨的成分关系更为密切，骨含有哪些成分？又具有哪些物理特性呢？

（一）实验：鉴定骨的成分

1. 骨的煅烧：用镊子夹住一段骨，放在酒精灯上烧，观察骨颜色的变化，变灰白色时，轻打煅烧骨即碎，说明煅烧后的骨很脆。

2. 骨的脱钙：将大鱼的肋骨放入盛有 15% 盐酸的试管中，下课时观察。取课前浸泡好的鱼骨和鸡骨，用清水清洗后观察，能弯曲或打结，说明盐酸浸泡后的骨很柔韧。

（二）教师引导学生归纳实验结果

1. 骨的成分 { 无机物：硬脆；有机物：柔韧 }　　（板书）

2. 物理特性 { 硬度；弹性 }　　（骨的成分决定了骨的物理特性）

3. 骨的成分及物理特性随年龄的变化

儿童→成年→老年：有机物减少，无机物增多，硬度脆性增大，弹性减小。

骨的成分含量及物理特性随年龄增长的变化在课本 16 页有一表，请同学们课下看一下。

三、骨的生长（板书）
- 长长：软骨层（画黑板图，说明位置）
- 长粗：骨膜内成骨细胞（联系骨的结构）

1. 教师提出问题：骨靠什么长长？靠什么长粗？

2. 学生阅读教材第 16 页第一段课文。

3. 选一名学生回答，师生共同矫正评价。

4. 点拨：成年后，软骨层骨化成骨，长骨不再长长，人身体不再长高。

四、体育锻炼对骨的影响

1. 教师提出问题：体育锻炼对骨有何影响？

2. 学生阅读教材第 16 页课文第二段。

3. 选一名学生回答，师生共同矫正评价。

五、骨折和骨折的急救

1. 原因：骨受猛烈的撞击（点拨：注意在运动时用力不要过猛）。

2. 易发部位：四肢的长骨。

3. 症状：疼痛并丧失运动功能。

4. 急救方法：结合教材图Ⅳ –17 和图Ⅳ –18 讲清急救的正确方法。

【课堂小结】指定一名学生回顾本堂课学习的主要内容，梳理知识框架。

【达标训练】

A 组 填空

1. 人体的运动是由运动系统完成的，运动系统由___、___、___组成。

2. 骨的基本结构包括____、____、____，长骨的_状结构，既轻便又坚固，适于人体的运动。

3. 骨煅烧后，变成___色，轻打即___，说明煅烧后的骨很___，而盐酸浸泡后的骨很__。

4. 骨的成分包括____和____，骨的物理特性表现在___和___两个方面。

5. 骨的长长靠长骨两端和骨干之间的___，长粗靠骨膜内的_____。

学生做完后，指定两名学生回答，师生共同矫正评价。

B组 判断

1. 骨松质内的红骨髓，成年后变成黄骨髓，失去造血功能。（ ）

2. 骨脱钙后，能弯曲或打结是无机物的特性。（ ）

3. 成年后，软骨层骨化成骨，长骨不再长长。（ ）

4. 据统计，同年龄、同性别的青少年，经常锻炼的比很少锻炼的身高要高出 4—10 厘米。（ ）

5. 骨折后，有疼痛的感觉，且丧失运动功能。（ ）

【达标测试】（共 10 个小题，每小题 1 分，共 10 分）

1. 运动系统由___、___、____组成。

2. 骨的基本结构包括____、____、____三部分。

3. 骨的成分包括____和____。

4. 骨的物理特性主要表现在___和___两个方面。

5. 骨的长长靠长骨两端和骨干之间的___，长粗靠骨膜内的_____。

6. 骨松质大部分集中于骨干，致密坚硬，抗压力强。（ ）

7. 长骨的管状结构，既轻便，又坚固，适于人体的运动。（ ）

8. 骨煅烧后剩下的灰白色物质是有机物。（ ）

9. 骨的成分随年龄增长，有机物逐渐增多，无机物逐渐减少。（ ）

10. 四肢的长骨是骨折的易发部位。（ ）

【课后作业】教材第 17 页，第 1、2、3 题。

参考答案：

【达标训练】

A组：1. 骨、骨连接、骨骼肌；2. 骨膜、骨质、骨髓、管；3. 灰白、碎、脆、柔韧；4. 有机物、无机物、弹性、硬度；5. 软骨层、成骨细胞。

B组：1. × 2. × 3. √ 4. √ 5. √。

【达标测试】

1. 骨、骨连接、骨骼肌；2. 骨膜、骨质、骨髓；3. 无机物、有机物；4. 硬度、弹性；5. 软骨层、成骨细胞；6. × 7. √ 8. × 9. × 10. √。

“3.2.1”教学模式的基本内涵

一、含义

“3.2.1”即三个环节、两种学习方式、一个目的。三个环节，指自主学习、交流展示、反馈提升；两种学习方式，指自主探究、合作交流；一个目的，指落实真正意义的学习。

二、组织形式

分组教学是“3.2.1”教学模式的核心组织形式。在分组方式上，“3.2.1”教学模式将每班学生按成绩、智力、特长、性别等进行均衡分组，按同组异质原则划分，小组长及每小组的学生按成绩每月一调换，实行动态管理。

三、基本结构

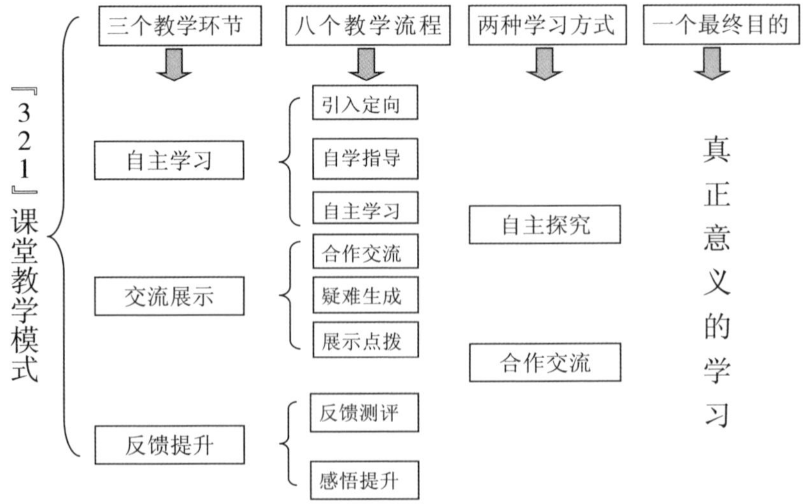

四、操作流程

1. 自主学习

引入定向：引入即通过简洁的语言、多媒体图片、实物情景等由生活常识、社会热点、知识铺垫等引入或直接引入课题；定向是明确目标或学习方向，学习目标的设定要具体可测，目标、重点、难点、疑点可以在引入后让学生感知，也可以在教学过程中分别呈现，或在学习结束后学生总结，以保证学生有目的地进行有效学习。

自学指导：教师给学生明确自学的内容、方法、时间，保证学生在导学案引导下或教师的指导下高效自学，用时大约 1—2 分钟。

自主学习：学生依据导学案上的问题和学法提示快速自学教材。可以采取默读、标记、做题等方式，记忆、巩固简单的问题，找出自学解决不了的问题。教师巡回督导，了解学生自学情况，并进行个别点拨，但不要随意干涉全体学生的自学活动。具体时间应以绝大部分学生自学完成为标准，自学完成早的学生可以记忆或进入交流环节。

2. 交流展示

合作交流：合作交流一般以小组交流为主，由组长主持讨论解决自学中存在的问题，进行组内展示和有针对性的“兵教兵”，也可以集中到小组黑板上进行讲解演练；教师巡回了解学习中的难点、疑点、易错点，并对个别小组进行指导。

疑难生成：小组合作交流结束后，学生将解决不了的问题板书到小组黑板上，也可以纸条的形式将生成的疑难问题交给老师，教师根据生成疑难问题的多少结合预设分配任务。各小组做展示的准备，教师可以穿插到各小组中进行指导，重点关注疑难问题的解决情况和需要展示问题的板书，及时进行点拨。

展示点拨：按任务分配情况由各小组展示讲解，其他同学可以补充和质疑，教师对重难疑点问题和解题步骤、注意事项等进行精讲点拨，此环节是课堂的高潮和关键环节，教师要注意对各小组学生活动情况进行量化评价和及时鼓励。

3. 反馈提升

反馈测评：学生限时做反馈检测题，检测题可以设计在学案上或用多媒体出示，也可以直接选用课本、教辅上的习题，完成后核对答案，对错误较多的问题教师要及时进行矫正、点拨、评价和补救。

拓展提升：教师出示本节内容与生产生活、社会热点接轨的综合性题目或是仿写、英语写作等进行拓展训练，学生解答，教师点拨；也可让学生设计拓展性题目或结合本节所学内容进行总结、谈收获、说感悟。此环节时间可以根据内容灵活掌握。

“3.2.1”教学模式的操作流程，根据学科和教学内容等实际情况，可以删减、颠倒、循环或有所侧重，但学生在课堂上要达到要求的课堂行为标准，必须体现新课改理念，从而突破程式化的课堂模式，真正打造一种以课改理念为指导，以学生为主体，教师为主导，以小组活动和课堂展示为载体的新型课堂，给师生和学科更大的开放空间。

“3.2.1”教学模式，落实“自主、合作、探究”的教学理念，贯彻“教师为主导,学生为主体,教材为主源,思维为主攻,训练为主线,问题为主轴”的“六为主”原则，倡导学生多提问、多思考、多讨论、多交流、多参与，通过“三个教学环节，两种学习方式，一个最终目的”的模式体系，落实学生的主体地位，充分发挥自身潜能，实现学生的自主发展和愉快学习。

“3.2.1 教学模式”中的三个教学环节环环相扣，构成一个有机整体。

其中，“自主学习”是基础，“交流展示”是核心，“反馈提升”是保证。“自主学习”就是在教师的指导下，落实“三为主推进策略”，即学生“以教材为主源，以导学案为主线，以找出问题和疑难为主攻”，让学生独立自主地进行阅读思考，动手动口动脑，自主探究，明确目标，解决基本问题，生成难点和疑点。“交流展示”就是在教师的调控指导下，以不断解决问题为主线，通过合作交流、疑难生成、展示点拨，合作解决自学解决不了的问题，生成重点和共同的疑难点，通过展示点拨师生共同解决存在的疑难问题。“反馈提升”就是通过测评拓展，对教学目标进行回归性的评估，并对知识进行迁移和提升。

在整个教学流程中，强调的都是学生的学。根据学习任务和学习要求的不同，学生的“学”又适时地分为“自主探究式”新知学习和“合作交流式”发散学习两种学习方式。“自主探究、合作交流”两种学习方式，是在自主探究的基础上，按照生生互动，师生互动的方式，通过小组合作和交流展示，解决学习中的疑难问题。

“3.2.1”教学模式以导学案为引导；以学生自学、交流、展示的方式，不断发现问题和解决疑难；打破端坐、举手、提问的约束，以小组、黑板、地面为舞台，学生探究、展示、补充、质疑；教师巡视、指导、反馈、点拨，整体调控课堂；实现了由教到学、由知到思、由灌到趣的转变，真正形成了快节奏、大容量、高效率的“学生自主”课堂。

这一切的出发点和归结点都是围绕“3.2.1”中的“1”，即落实真正意义的学习！我们倡导的不仅是学习方式的改变，更是学习观念更新下对学生学习的再认识，教材或知识不再是学习的单一目标，它作为学习内容的一部分，更大程度上起着一个活动载体的作用。

我们这样定位师生角色：只要站起来面对全体学生，你就是教师；只要坐下来倾听，你的视角就是学生。教者侧重教，学者侧重学，学其善者，改其不善者。

我们这样定位学习：处处、时时学习，不分地点、时间、形式和对象。

我们这样定位课堂：课堂是创新学习，学习方式是灵活多变的，重在突出学生的主体地位，突出学习的过程和实践。

“3.2.1”教学模式的一个最终目的是落实真正意义的学习，一切教育活动都以学习为出发点和归宿，做到时时处处皆学问，让学生达到真学、实学、学会、会学。

在这样的课堂上，老师敢于把问题交给学生，让学生最大限度地发挥主体作用，实现学生的主动学习。通过学生自主学习，学会一些容易的知识，有难度的问题进行小组交流，确实解决不了的问题，再寻求老师的帮助，进行全班交流展示。这样，不但提高了学习效率，实现了课堂的“减负增效”，更重要的是彻底改变了灌输式、训练式的学习方式，使学习活动完全变成了学生自主、自觉的行为，让每个学生都体验到学习的乐趣、成功的快乐，在这个过程中，学生学会了竞争，学会了合作，掌握了方法，提升了能力，升华了品格。他们的付出化作了精彩，努力得到了尊重，才智得到了发挥。他们找到了自我，也超越了自我。

附件

“3.2.1”教学模式课例《植物体的结构层次》

人教版生物学（2009年版）七上第二单元第三章第二节

【引入新课】（2分钟）

让学生回顾：动物体和人体的结构层次是怎样的？细胞→组织→器官→系统→动物体和人体。大家看一下这株植物体，我们会想：“植物体的结构层次是怎样的呢？”这节课我们就来学习第二节：植物体的结构层次。

【指导自学】

（1）预习指导（1分钟）

首先大家看课本第65页和学案，预习课本，填出学案上的问题或将答案标记在课本上，预习完后进行默读记忆，时间8分钟，看谁预习的快。

（2）自主预习（8分钟）

学生自主预习，教师巡回指导，了解预习情况，督导预习进度。

【合作交流】

（1）预习交流（3分钟）

学生小组交流预习中存在的问题，找出重点、难点、疑惑点，教师将问题归类整理。

（2）分配任务（1分钟）

用纸条的形式将任务分配到各组，同时打在屏幕上。安排各组讨论出答案后，组长带领学生逐一进行演练，派一名同学到黑板上做好展示准备。

预设任务如下：（根据各组预习交流时反馈的情况可以调整）

一组：简述植物体的生长发育过程，拿一植物体给同学们讲解各部分的名称。

二组：画根尖纵剖面简图，并据图说出各部分的名称。

三组：填表比较植物体的几种主要组织。

组织种类	分布举例	结构特点	主要功能
分生组织	根尖、茎尖等处，如根尖的____	细胞_，细胞壁_，细胞核_，细胞质_，有很强的__能力	能不断分裂产生____，再由这些细胞分化形成其他____
保护组织	根茎叶表面的____	—	__内部柔软部分
输导组织	茎、叶脉、根尖成熟区等处的____	—	运输__和___
营养组织	_、_、_、_、__、_中都含有	细胞壁_，_较大	储藏_____，含叶绿体的营养组织还能进行

四组：按从微观到宏大的顺序用箭头表示出植物体的结构层次。

（3）小组交流（5分钟）

组长带领小组将问题讨论结束后，派一名学生到黑板上做展示准备，组长带领其他同学逐一演练，教师进行指导答疑。

【展示点拨】（8分钟）

各组派代表进行展示，其他同学质疑补充，教师精讲点拨。重点点拨生物图的画法和植物组织的比较，利用教材上的插图。

【训练反馈】（4分钟）

学生做反馈检测题，然后出示答案，统计得分情况，学生或教师讲解有错误的问题。

【拓展总结】

（1）拓展提升（6分钟）

①课本第68页练习1。

②课本第68页练习2。

③课本第68页练习3。

学生讨论后抢答，教师精讲点拨（重点精讲练习3），学生做简要整理。

（2）总结反思（2分钟）

学生总结本节课所学的主要内容：①植物体的生长发育。

②绿色开花植物的六大器官。

③植物体的主要组织比较。

④植物体的结构层次。

收获的主要学习方法：①比较法。②借助实物和生物图学习植物的结构和功能。

《植物体的结构层次》预习学案

一、植物体的生长发育

植物体的生长发育是从____开始的，受精卵经过细胞___、___，形成___、___，进而形成植物体。

二、绿色植物的六大器官

在课本上找出油菜六大器官的名称。

三、植物的几种主要组织

1. 什么是分生组织？举例说明。将答案标划在课本上。

2. 植物的组织主要分为_____、_____、_____、_____等几类。

3. 对照插图在课本上标出分生组织、保护组织、输导组织、营养组织的结构特点和作用，并进行理解记忆。

四、植物体的结构层次

植物体的结构层次从宏大到微细依次是：植物体→____→____→____。

反馈检测题

1. 植物体和动物体的生长发育都是由什么开始的　（　　）

A. 受精卵　B. 种子　C. 胚　D. 细胞分化

2. 表皮破损的番茄会很快腐烂，这说明表皮是　（　　）

A. 机械组织　B. 保护组织　C. 分生组织　D. 营养组织

3. 以下属于植物器官的是 （　　）

A. 叶肉　B. 叶脉中的导管　C. 根尖的分生区　D. 种子

4. 植物体的结构层次是 （　　）

A. 细胞　组织　器官　系统　植物体

B. 细胞　器官　系统　植物体

C. 细胞　组织　器官　植物体

D. 细胞　组织　系统　植物体

5. 将下列各类植物组织与其主要功能用线连起来 （　　）

A. 保护组织　　a. 储藏营养物质

B. 分生组织　　b. 保护内部柔嫩部分

C. 输导组织　　c. 分裂产生新细胞

D. 营养组织　　d. 运输营养物质

6. 仔细辨别下列各图，回答问题。

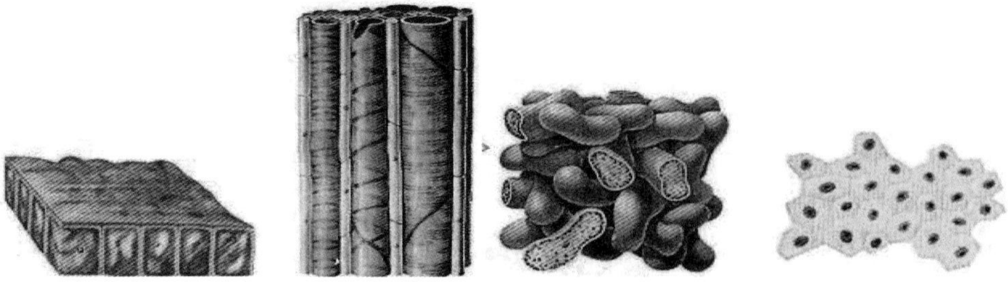

A　　B　　C　　D

（1）A、B、C、D 分别是___组织、___组织、___组织、___组织。

（2）分生组织细胞具有很强的___能力，一部分继续保持分裂能力，另一部分通过___形成其他组织。

（3）输导组织主要有___和筛管，可输导___、___和有机物。

（4）营养组织____薄，___较大，含叶绿体的营养组织能进行______。

魅力课堂的基本内涵

一、魅力课堂的概念界定

魅力课堂是基于学生的自然天性和成长规律，激发学生内在动力，努力让课堂迸发出魅力光芒，让学生在激情快乐、趣味幸福中学习成长，推动学生在多样化的学习方式中主动成长、创新发展，全面提升学生的核心素养。

魅力课堂涌动生命的灵性，充满智慧的灵光，是“引力场”“思维场”“情感场”，是人的“生命发展场”。魅力课堂追求提高学生学力，激发学习活力，增强教学魅力，推动学生思维的发展和灵性的生长。其价值取向是由“知识课堂”走向“生命化课堂”。

二、魅力课堂的显著特征

首先，魅力课堂是高层次的课堂形态，描述的是课堂的理想状态，只有更好，没有最好；可以无限接近，谁也不能完全达到，这就给了魅力课堂无限的发展空间。

其次，魅力课堂是人的“生命发展场”。这是魅力课堂的本质。以生命发展为目标的课堂永远不会过时，过上几十年，几百年，照样适用。正如我国著名慈善教育家、香山慈幼院院长熊希龄先生提出的学校、家庭、社会“三合一”的教育理念，由于揭示的是教育的本质，永远有其存在的价值，到现在同样适用。

最后，魅力课堂是生命化的课堂，只有共性的理念和要求，没有具体的模式，但针对具体一节课要针对具体的内容和学情设计出具体的学习流程，包括各个学段、各个学科的新授课、复习课、探究课、实验课、习题课、讲评课等各类课型。就像真正的武林高手可以做到无招胜有招一样，我们要学习掌握无数的招式，才能面对不同的学生，将不同内容的每一节课都上成充满魅力的课堂。

三、魅力课堂的内涵解读

魅力课堂围绕“一核心”：学生的学习。

魅力课堂实现“两相融”：教与学相融。

魅力课堂坚持“三原则”：以学定教；以学生思维训练为主线；以激扬学生生命成长为评价标准。

魅力课堂倡导“四归还”：把课堂的空间还给学生；把课堂的时间还给学生；把质疑问难的权利还给学生；把探究性学习的权利还给学生。

魅力课堂强调“五不讲”：讲了学生也不会的；不讲学生就能自己学会的；学生自己能讲明白的；能用学生动手实践代替教师口头讲的；能采用小组合作学习解决的，都坚决不讲。

魅力课堂追求“六特别”：特别有吸引力；特别能开发思维；特别重视情感传递；特别注重合作互助；特别能够融为一体；特别能激活成长动力。

魅力课堂优化“七策略”：优化课前准备，奠定课堂成功基础；优化时间管理，提高课时学习效益；优化课内导学，促进学生学会学习；优化合作展示，提升学生合作能力；优化课内解疑，促进学生解决问题；优化课内训练，促进学生迁移运用；优化课后增效，确保持续发展提升。

魅力课堂崇尚“八追求”：追求一种理想的教育境界；追求以爱育爱、以情激情的精神交往；追求师生体验成功、享受幸福的美好生活；追求和谐之美的心灵感受；追求人的自信境界与自强精神；追求学生今天成长与明天成才相统一；追求创新与务实的有机结合；追求文化传承与历史的担当。

魅力课堂操作“九解读”：课堂的主体是学生，学习过程要动态、生成、民主、人文、合作、探究、交流、分享、高质；自主、合作、探究、分享、迁移、系统学习是主要的学习形式；小组合作要同组异质，人数合理，分工具体，座位适当，交流充分；教师讲授一般不超过15分钟；分层次制定目标，精心策划学习流程；尊重课堂生成，关注学生参与度；进行激励性多元评价；将问题和思维训练贯穿学习全过程；教师是学生学习的组织者、合作者、引领者。

魅力课堂评价“十要素”：学习内容选择符合课标、教材和学情，贴近生活，体现立德树人；学习流程环节齐全，思路清晰，循序渐进，重点突出，难点较好地实现突破；学习活动设计体现学生主体地位，符合学生认知规律，能激发学生内在动力；学习方式多样化，在学习内容和学生两方面均能体现差异化教学；板书重点突出、简洁、美观、实用，有一定艺术性；课件、导学案等辅助手段设计合理、直观、形象、实用；师生准备充分，引入自然，教学相融，体现自主、探究与合作学习，关注课堂生成，渗透学科素养；学生思维活跃，习惯良好，善于自学、记录、倾听、展示与合作；教师教态自然，语言精练，指令到位，策略多样，评价及时，师生平等，较好的营造“引力场”“情感场”“思维场”，能体现个人教学风格和魅力；体现学科特点和学科思想方法。

附件

基于核心素养的魅力课堂课例《探究小鼠走迷宫获取食物的学习行为》设计分析

2022年版义务教育《生物学课程标准》的颁布，标志着生物学科教学已经进入学科核心素养时代。生物学科核心素养是指学生通过生物学科学习而逐步形成的正确价值观、必备品格和关键能力。着眼于学生适应未来社会发展和个人生活的需要，生物教学要从生命观念、科学思维、探究实践和态度责任等方面发展学生的学科核心素养。如何通过教学实践，尤其是通过探究实验教学培养学生的生物学科核心素养，是每一位生物教师面临的重要课题。

一、基于生物学科核心素养的探究实验教学设计举例——探究小鼠走迷宫获取食物的学习行为

1. 实验目的分析

本探究实验有四个方面的目的，一是通过动物学习行为意义的复习巩固，强化生物与环境相适应的生命观念。二是培养学生探究实践的能力，即通过观察动物 “尝试与错误”形成一种新的行为的过程，培养学生设计探究实验和动手操作实验的技能，培养学生的科学探究能力。三是通过实验增进学生对学习行为概念的理解，体会学习行为对动物生存的重要意义及对学习引发的启示，培养学生的科学思维能力。四是通过实验过程中提示学生实验用小鼠已经经过检疫、实验过程中要注意安全、轻拿轻放、实验结束后收回等，培养学生的态度责任意识。

2. 实验原理分析

探究实验的过程包括提出问题、做出假设、制订计划、实施计划、得出结论、讨论交流等六个步骤。控制单一变量、设计对照实验、设置重复实验是探究实验的三个基本原则。小鼠属于哺乳动物，学习能力比较强，经过几次“尝试与错误”的训练，就能形成走迷宫获取食物的学习行为。

3. 实验材料分析

实验材料：仓鼠每组 1 只。本实验选用的实验动物可以是在宠物市场能够买到的仓鼠或豚鼠等，也可以是在大学实验室可以买到的小白鼠，并给学生说明实验用的小鼠是经过检疫的，实验指导一份。

实验用具：迷宫（可以自制或到宠物市场购买）每组 1 个、小鼠的食物（玉米渣、花生、葵花籽等）每组 1 份、钟表（用于实验计时）1 块、装有饮水器具的鼠笼 1—2 个。

4. 实验过程设计及分析

【教学环节 1】完成实验指导中【探究前测】的有关内容，时间两分钟，做完后举手回答，其他同学补充完善，教师点拨。

（1）学习行为是在遗传因素的基础上，通过环境因素的作用，由生活经验和学习而获得的行为。

（2）动物的学习行为可以让它们更好地适应复杂环境的变化。一般来说，动物越高等，学习能力越强，学习行为越复杂，在学习时“尝试与错误”的次数越少，动物的年龄越小，越容易表现出学习的过程。

（3）研究动物行为的方法，主要有观察法和实验法，以及这两种方法的结合。

通过复习巩固有关学习行为的知识，理解学习行为的概念、意义及研究动物行为的方法，为本探究实验的实施做好铺垫。

【教学环节 2】视频引入新课：教师播放“小狗绕道取食”的视频。学生观看后思考小狗经过了几次“尝试与错误”吃到了食物？也就是小狗通过几次“尝试与错误”后，学会了绕道取食。小鼠是不是也可以通过几次“尝试与错误”学会走迷宫获取食物呢？今天我们就来学习探究实验：探究小鼠走迷宫获取食物的学习行为。

用视频创设情景，理解小狗通过几次“尝试与错误”后，学会了绕道取食。同属于哺乳动物的小鼠是否也可以通过几次“尝试与错误”学会走迷宫获取食物呢？激发学生“探究小鼠走迷宫获取食物的学习行为”的兴趣。

【教学环节 3】小鼠走迷宫获取食物的学习行为探究。

（1）提出问题　提出问题要基于实验探究的目的，提出的问题表述可以有所不同，但一般要包括自变量和因变量，句式必须是疑问句。学生尝试提出的问题如果不准确，可以让其他学生补充。如：小鼠需经几次“尝试与错误”可以形成走迷宫获取食物的学习行为？

在原来进行过几次探究实验提出问题的基础上，进一步熟悉提出问题的方法及提出问题的要求，能够根据实验的目的要求自己独立正确的提出探究问题。

（2）作出假设　探究实验中作出的假设要基于已有的知识和生活经验，有时还需要查阅资料。假设一般包括自变量和因变量，句式一般是陈述句。作出的假设可以与问题一致，也可以不一致，但要尽可能的与预设的实验结果一致。如：小鼠需经 3 次“尝试与错误”可以形成走迷宫获取食物的行为。

在原来进行过几次探究实验作出假设的基础上，进一步熟悉作出假设的方法及作出假设的要求，能够根据实验的目的要求自己独立正确的作出实验假设。

（3）制订计划：

①确定选择研究的动物是仓鼠 。

②迷宫可以从宠物市场购买，也可以自制。迷宫隔板应高些，避免小鼠

从隔板上方越过，或者在隔板上方盖一块玻璃板，既能阻止小鼠翻越隔板，又便于观察小鼠的行为，迷宫通道的宽度要便于小鼠折返。

③看一下实验台上的迷宫，我们将仓鼠食放在什么地方合适？

大家讨论一下，我们选择将食物放在什么地方？应该基于什么样的条件？放鼠食的地方要让小鼠找到有一定的难度，一般放在出口处。

④实验用的小鼠如果处于饱食状态可以吗？如果不可以，实验前小鼠应处于什么状态？

不可以，饥饿状态。

⑤小鼠走出迷宫顺利到达出口得到食物“尝试与错误”的次数记录表应如何设计？

观察时间	第一个2分钟	第二个2分钟	第三个2分钟	第四个2分钟	第五个2分钟	第六个2分钟
小鼠走迷宫情况						

⑥实验结果应取各组实验结果的平均值，全班的实验结果统计表如何设计？

组别	1	2	3	4	5	6	7	8	平均值
找到食物尝试的次数									

制订计划是实施计划的基础，计划制订是否科学严谨，直接决定着探究实验的成败。因此，对于实验动物的选择、迷宫的制作和设置、小鼠放置的位置选择、实验动物的预处理、记录表格的设计、统计表格的设计等，都应全面考虑，遵循对照实验、单一变量、重复实验等原则，才能保证实验结果的准确可靠。

（4）实施计划

①在迷宫入口处放进小鼠，同时马上计时，并在有鼠食处等待，看小鼠

在两分钟内能否穿过迷宫找到食物。

②如果在两分钟内，小鼠不能自行穿过迷宫找到食物，就需要进行适当的引导，使小鼠能够找到食物。

③重复上述实验5—7次，根据实验的情况，把小鼠在每一个两分钟内是否顺利找到食物的情况填在表中，看一下小鼠经过了几次“尝试与错误”才可以顺利找到食物，组长把本组的实验结果写到黑板表格中。

注意问题：

①虽然小鼠经过了检疫，但仍然要注意实验中的安全。

②在实验过程中对实验小鼠要注意轻拿轻放，实验结束仍让它保持健康状态。

③实验结束后，收回小鼠。

实施计划是探究实验的关键环节，直接决定着探究实验的成败。实施计划的设计科学严谨，是对学生科学精神的一种训练和培养；为了保证制预计划的有效顺利实施，教师在讲解的基础上还要巡回对各个小组进行指导；实施计划环节重在对学生进行实验操作技能的训练，是讲解等学习方式替代不了的，因为探究实验要分小组合作进行，在实验的具体操作中可以培养学生的团队合作能力。小鼠虽然经过了检疫，但也要注意安全，实验过程中对实验小鼠要轻拿轻放，实验结束后收回小鼠等，都可以培养学生的社会责任。

（5）分析结果，得出结论

实验结果是指通过探究实验观察到了什么现象，测出了什么数据，变化的趋势是怎样的。一般用在某种处理方式下，因变量的检测指标发生了某种变化来表述。实验结论是对探究问题的最终确定性回答，实验结论回应的是实验探究的目的和假设，探究结论怎么写，要看探究问题是什么。本实验的结论是：小鼠顺利穿过迷宫得到食物需要经过　　次（取各组实验结果的平均值）“尝试与错误”。

在原来进行过几次探究实验分析结果和得出结论的基础上，进一步区分分析结果和得出结论的区别，通过分析探究实验的结果，得出科学的实验结论。

（6）讨论交流

讨论交流的问题印发在实验指导上，学生在做完后，学生回答，教师点拨。本探究实验设计的讨论交流问题如下：

①简要描述小鼠走迷宫获取食物的学习行为是如何建立的?

参考答案：小鼠通过不断的“尝试与错误”，也就是通过生活经验和“学习”逐渐建立起来的。

②不同小鼠“尝试与错误”的次数一样吗？如果不一样说明了什么？

参考答案：可能不一样。说明学习行为受遗传因素和个体差异的影响。

③你对家养的小动物进行过训练吗？它们的哪些行为是学习行为？这些行为对它们的生存有何意义?

参考答案：定点取食，定点大小便等，有利于它们的生存。

④这项探究活动对你自己的学习有什么启发?

参考答案：主动学习、多尝试、勤复习等。

讨论交流主要针对实验进行的主要环节、设计思路、重点问题、可能疑问、拓展延伸和对学习的启发等提出，从而加强学生对整个探究实验的全面理解，达到进一步落实探究实验目的，培养学生学科核心素养的效果。

5. 课后作业设计与分析

本节课的课后作业是：

（1）实验前看到的小狗在第一次绕道取食后，以后会直接绕道取食还是再经过“尝试与错误”才能吃到食物？家里有小狗的同学观察一下，将实验结果录下来与全班同学共享（选做）。

（2）将本堂课的实验指导整理好交给课代表。

（3）观察常见动物的一种行为，并做观察记录（选做）。

本节课后作业的设计除了整理上交实验指导外，还设计了两个观察作业，考虑到学生的个体差异和家庭条件，这两个观察作业都设定为选做。由于这两个观察作业既与这节课的探究实验密切相关，又贴近学生的日常生活，做起来非常容易，同时还是学生非常感兴趣的，可以很好地深化巩固探究实验课的学习效果。

二、基于生物学科核心素养的探究实验教学设计思考

1. 充分挖掘探究实验在培养学生生物学科核心素养方面的作用

生物探究实验不但可以培养学生的科学探究实践素养，在培养学生的生命观念、科学思维和态度责任等生物学科核心素养方面也有重要的育人价值。如“探究小鼠走迷宫获取食物的学习行为”除了可以全面培养学生的探究实践素养外，在加深理解学习行为的基础上，还蕴含着“进化适应观”这一生命观念，严密科学的探究实验设计和对实验结果分析得出实验结论的过程，就是严密的科学思维的训练，实验动物的检疫和实验后对实验动物的处理就是很好的态度责任教育。初中生物学课程标准和教材中设计了很多科学探究实验，生物教师要充分挖掘生物探究实验在培养学生生物学科核心素养方面的育人价值，开设好生物探究实验，培养学生的生物学科核心素养。

2. 创设条件开设好教材中的科学探究实验和课下探究实验

生物探究实验因为需要系统的提出问题、作出假设、制订计划、实施计划、分析结果、得出结论、讨论交流等环节，费时费力；很多学校领导和教师对生物探究实验不够重视，实验条件欠缺；部分地区在生物中考中淡化生物探究实验的考查。诸多原因造成了很多学校在生物教学中忽视生物探究实验，甚至将生物探究实验作为不做或讲解的教学内容。造成这一现状的根本原因

主要是因为没有充分认识到生物探究实验的育人价值。生物教学中不止要创造条件开设好课程标准中要求的、教材中设计的生物探究实验，还要积极指导学生进行课下的生物探究实验，培养学生科学探究的兴趣和能力，全面培养学生的生物学科核心素养，为学生进入高一级学校深造和适应未来社会打下坚实的基础。

参考文献

[1] 李小岑，毕诗秀 . 基于生物学科核心素养的教学初探 [J]. 中学生物教学，2017（9）：44-47.

[2] 中华人民共和国教育部 . 普通高中生物学课程标准 [M]. 北京：人民教育出版社，2020.

[3] 李银乐，孟宪萍，张蕾 . 初中生物学“科学探究”主题的中考备考策略研究 [J]. 理科考试研究，2021（8）：61-63.

线上教学有效实施的一次创新实践

信息网络技术的快速发展为教育信息化和线上教学的实施打下了良好基础，2020 年开始的全球新冠肺炎疫情加速了信息技术在教育教学中的应用研究与实践，尤其是倒逼了信息技术在线上教学的普遍推广和应用。目前，全国各地大、中、小学师生进行线上教学已成常态，线上教学的硬件设备、应用软件、网络环境和操作使用已经相对成熟，但线上教学在虚拟教室的上课效果还有很大提升的空间，大部分老师反映，线上教学不如线下教学效果好。熟练掌握线上教学的实施策略，保证线上教学的效果也成为一项必备的基本技能。但如何破解线上教学实施效果的难题，是全国中小学教师普遍关心和急需研究解决的一个问题。为了进行线上教学有效性的探索，北京实验学校生物组老师进行了一次创新实践，收到了良好效果。

一、让学生主动“备课”是保证线上教学有效的基础

在线上教学中，为了保证学生主动参与到学习中，我们可以将 1 个单元的（可以 1 周为 1 个周期）“备课”任务按小组分给学生，让学生成为“教师”的角色，老师退居幕后成为导演。分配任务的方式一般如下：教师事先进行教学内容的划分，将教学内容分割成班级对应小组数的片段，每个知识点容量控制在 3—5 分钟。如果知识点数少于小组数，可以增加创新题目这一项目，给每个相应内容划分难度系数，标出相应得分，纳入考核标准，便于活动后的评价。

在线上教学的具体操作中，第一节课可以给同学们宣布教师体验周计

划：班级以小组为单位通过微信中的小游戏（掷骰子）在班级群中决定选择顺序，小组按游戏顺序对划分任务进行挑选。任务挑选完毕后，由小组长牵头建立小组钉钉讨论组，由小组内部商议对领到的任务进行进一步分解，如搜集资料、制作 PPT、主要讲解人等，要保证人人有事干，事事有人干，人人都是学习的主人。

二、小组和家长“磨课”是保证学生深入“备课”和展示的关键

作为“新晋实习老师”的学生们，在学生全部居家学习的条件下，教师可以让每个组的主讲学生在小组内进行讲解，先把本组所有成员讲明白即完成第一轮“磨课”。为了充分利用学生和家长共同居家的有利条件，让线下学习资源为线上教学服务，我们可以鼓励孩子们利用课后时间讲给家长们听，让家人听明白即完成第二轮“磨课”，看到孩子的主动学习态度和精彩展示，家长一般很欢迎，但根据家庭情况也不要一刀切。两轮“磨课”过后，学生一般都能做到脱稿或用自己的理解和语言进行讲解表达，大大增加了线上教学的生本化。

三、线上评价是小组精彩展示学习成果，人人主动参与学习的保证

让学生以小组为单位进行成果展示是学习成果展示的第一步，线上课堂学习成果呈现时如何让所有学生参与到每一个问题的学习中，是线上教学最重要的也是必须解决的问题。针对这一点，在进行原创题目展示时，教师可以利用钉钉软件中的投票工具辅助小老师进行各组教学成果的验收。投票工具可以让所有同学都参与进来，并直接显示答题结果，哪一部分知识点的正确率高也将纳入最后的小组考核中。每个小组分享完，教师都要进行知识点的总结和补充，以此来帮助学生进行重难点的突破。最后一节课结束后，老师可以根据一开始大家领到的任务难度、PPT 制作、讲

解清晰度、学生答题反馈等多维度进行评价，选出表现最好的 3 个小组进行嘉奖，至此第一次“教师体验周”即完美收官。

四、反思线上教学创新实践是持续提升线上教学效果的法宝

为期一周的“教师体验周”很快结束了，这次活动让每个学生都体验到了线上学习的乐趣，但这次创新实践也给线上教学带来了很多新的思考。

首先，在备课环节，很多学生忽视了课本，利用各种搜索引擎进行了大范围的资料收集，呈现的内容含有各种高大上的专业词汇和深奥内容，使教学内容的重难点无法突出、教学内容晦涩难懂。

其次，线上教学过程中教师干预过多，学生畏首畏尾，干预过少，学生天马行空，其中的度难以把控。这就需要教师在布置任务的环节对学生进行具体指导和强调，明确指出以课本为主要学习材料、课外拓展为辅，给学生圈定一个可自由发挥的活动范围。同时将此项纳入考核中，在考核中占有较大比重，从而引起学生的重视，避免类似情况的发生。

再次，线上教学过程中，老师在每个小组分享后都会进行一轮点评或补充，看似是对其内容进行补充，但也干扰了学生给每个组的考核评价，有不公平之嫌。这个部分老师应该将学生有问题之处先行记下，等大家都分享完并投完票后再请各小组重新打开 PPT 进行集中补充纠正。

最后，这次教学的设计缺少了教师教学中的重要一环：教学反思。在活动最后对优胜小组进行嘉奖的同时，应该让孩子们对教学内容和过程进行一个及时的教学反思，既可以帮助他们再次巩固知识点，又可以在这个过程中渗透德育教育，让学生们更全面地认识教师这个职业，落实生物学科的育人价值。

（本文由北京实验学校王倩教师撰写初稿，李银乐修改定稿）

附件

生物学线上教学课例《激素调节》

人教版（2009 年版）七年级下学期第四单元“生物圈中的人”

<table>
<tr><td colspan="4">课时教学设计</td></tr>
<tr><td>设计人</td><td>王倩</td><td>指导教师</td><td>李银乐</td></tr>
<tr><td>课题</td><td>激素调节</td><td>课型</td><td>新授课</td></tr>
<tr><td colspan="4">1. 教学内容分析
本节内容属于人教版七年级上册第四单元第六章第四节，内容围绕人体常见的几类激素展开，先后介绍了内分泌系统的组成及功能、内外分泌腺的区别与联系、多种激素的作用、由激素异常引起的相应病症和神经调节与激素调节的联系。教学内容贴近生活便于学生产生兴趣和理解，但内容细碎需要孩子加强记忆，整体来说，简单但容易混淆。</td></tr>
<tr><td colspan="4">2. 学习目标确定
【知识目标】
（1）理解激素调节的概念；
（2）了解人体内分泌腺的分布；
（3）初步了解几种激素的主要功能。
【能力目标】
通过对几种内分泌腺的了解，总结激素调节的概念，提高分析概括能力。
【情感态度与价值观】
认同人体生命活动既有神经调节的作用，又有激素调节的作用。</td></tr>
<tr><td colspan="4">3. 学习重点难点
激素调节的概念及几种激素的主要功能。</td></tr>
<tr><td colspan="4">4. 学习评价设计
小组合作完成相应内容 PPT 的制作，完成学生自创题的上交。</td></tr>
<tr><td colspan="4">5. 学习用具及环境
电脑或平板、PPT、钉钉直播平台、无线网络。</td></tr>
<tr><td colspan="4">6. 学习活动设计</td></tr>
</table>

续表

<table>
<tr><th>教师活动</th><th>学生活动</th></tr>
<tr><td colspan="2">环节一：活动引入：教师体验日</td></tr>
<tr><td>教师活动 1
简单总结前两次教师体验日中出现的问题，并肯定同学们的努力，顺势引入今日课堂主题：教师体验日 3，介绍活动参与者及评审团，宣布活动继续进行。活动说明：活动期间师生角色对换，学生则以小组合作形式承担部分授课内容，提高学生积极性的同时体验教师日常授课的不易。</td><td>学生活动 1
学生按照展示任务进行准备</td></tr>
<tr><td colspan="2">活动意图说明：总结前面的得失让同学们能更好地认识到自己的优点与缺点，有则改之，无则加勉。再次介绍活动内容给予同学们正式感与重视感，并给展示小组留出准备时间。</td></tr>
<tr><td colspan="2">环节二：其他激素的功能</td></tr>
<tr><td>教师活动 2
倾听“见习教师”的授课，并在授完课后对相应内容进行补充，对小组表现加以简单点评。</td><td>学生活动 2
第一小组成员按分工从激素的含义、选取肾上腺素为代表对其他激素的功能进行讲解，并拓展类似化学物质多巴胺的功能：1. 激素，希腊文原意为“奋起活动”，它对机体的代谢、生长、发育、繁殖和性别等起重要的调节作用。2. 肾上腺素为身体活动提供更多能量，使我们的反应更快，让我们的大脑更加兴奋，可以缓解心跳微弱、血压下降、呼吸困难等问题。这样的作用也让它成为拯救濒死的人或动物的必备品。3. 多巴胺是一种神经传导物质，这种大脑内分泌物和人的情欲、感觉有关，它传递兴奋及开心的信息。另外，多巴胺也与各种上瘾行为有关。多巴胺还决定了我们的长远规划、愿景、未来期望。</td></tr>
<tr><td colspan="2">活动意图说明：让学生能够对激素调节更加有兴趣，“小老师们”的备课和生活实际相联系也便于学生的理解与记忆。</td></tr>
<tr><td colspan="2">环节三：激素调节的特点及意义</td></tr>
</table>

续表

<table>
<tr>
<td>教师活动 3
倾听“见习教师”的授课，并在授完课后对相应内容进行补充，对小组表现加以简单点评。</td>
<td>学生活动 3
第二小组全面总结激素调节中几种重要激素的功能，并讲解激素调节的特点及意义。特点：人体内分泌腺分泌的激素，由于内分泌腺没有导管，其通过血液循环运输到全身各处，调节人体各项生命活动，这种调节叫激素调节。
意义：以神经调节为主，激素调节影响神经调节，激素调节和神经调节，共同调节人的生命活动，人体激素要维持在一个正常的范围之内。</td>
</tr>
<tr>
<td colspan="2">活动意图说明：对重点内容进行再总结，进一步加深学生记忆，突出教学的重点及难点。</td>
</tr>
<tr>
<td colspan="2">环节四：原创题展示</td>
</tr>
<tr>
<td>教师活动 4
倾听“见习教师”的授课，并在授完课后对相应内容进行补充，对小组表现加以简单点评。</td>
<td>学生活动 4
第三小组展示小组根据课堂内容及重难点设计的原创题，并用钉钉的投票功能及时收集学生们的答案：
1. 一个人在饿了三天之后，出现身体停止发育，精神呆滞，行动迟钝，理由是？
A. 肾上腺素缺乏　　B. 生长激素缺乏
C. 甲状腺激素缺乏　　D. 胰岛素缺乏
2. 下面腺体中，既是外分泌腺又是内分泌腺的是？
A. 前列腺　B. 胰腺　C. 肝脏　D. 甲状腺
3. 因激素分泌异常而导致人体患呆小症和侏儒症的分别是？
A. 垂体和甲状腺　　B. 甲状腺和垂体
C. 胰岛和甲状腺　　D. 垂体和肾上腺
4. 了解一下，你的亲属中是否有人患“甲亢”或者“甲减”？
（1）解释一下这两种疾病的概念，并分别说明每种病是哪种激素的分泌出现了什么问题？
（2）患有这两种疾病的人在生活中分别应该注意什么？
学生利用投票功能收集同学们的答案，根据正确率进行针对性讲解。</td>
</tr>
<tr>
<td colspan="2">活动意图说明：锻炼学生的逻辑思维能力，检测学习效果，由同学们的做题反馈检验其他小组的教学成果，同时也由其他小组来评价原创题的优劣，达成反馈与评价的闭环。</td>
</tr>
</table>

基于生物学科核心素养的大单元教学设计

一、大单元教学的含义

大单元教学是指以单元教学内容为单位进行整体设计的教学方式。大单元教学设计包括两个组成部分：单元教学规划和课时教学设计。单元教学规划强调整体性，课时教学设计则强调具体化。大单元教学设计的内在逻辑关系是教学内容的结构化，大单元教学设计的操作精髓是“课程生本化开发”，也就是需要把教材单元变成能够引领学生学习的课程单元和课时单位，即转变为有目标、有情境、有任务、有活动、有评价、有成果、有反思，适合学生使用的学习材料。

二、生物学核心素养与大单元教学

核心素养是指受教育者应当具备的一种必备品格、关键能力和价值观念，在初中生物学科中，主要包括生命观念、科学思维、探究实践以及态度责任四个部分，这四者相互渗透、相互联结，共同组成了初中生物课程的有机整体。而大单元教学是我国新课程改革的产物，与新版课标“学习主题为框架”的课程理念不谋而合，对于在生物课程的常态化实施中落实新版《义务教育生物学课程标准》具有重要意义。这就需要广大教师在常态化教学中，要以核心素养理念为指导，在生物学课堂教学中引入大单元教学策略，从而使生物课教学的实效性和生命力得到充分展现，真正实现新版课程标准设定的目标要求。

三、生物课实施大单元教学的意义

大单元教学可以有效改变教师的传统教学观念，帮助教师从单元整体角度进行学科统筹，帮助学生进行结构化的知识建构。初中生物学的特点是知识点零散、考查面广、与日常生活实际联系较为密切，学生经常表现出能够记住知识点，但做题时出错较多。究其原因主要是教学中师生习惯采用强化训练和机械记忆的学习方式，这种外在驱动力只能使学生形成表层学习，而不能形成自己的知识体系。因而当遇到新的情境时，学生不能顺利地进行知识迁移。教师根据单元进行大单元整体教学设计，可以有效地帮助教师突破孤立的课时思维，转变传统课堂中教师只注重零散知识点教学的落后理念，帮助教师从单元整体上规划教学，结构化地进行知识建构。

在大单元学习中学生的学习时间被拉长，学习流程被细化，知识点被网络化和系统化。各种生物学概念和知识点之间的内在联系也得到显著强化，这就可以在主观上降低学生的学习难度，拉近生物学与学生之间的距离，为学生持续性学习生物课提供动力。

与传统的课时教学相比，大单元教学的过程更长，内容更丰富，学习过程更加情景化和生活化。这就可以为学生生物学科核心素养培养提供更有效的载体，使学生在不断延伸的学习过程中逐步积累知识、理解知识、内化知识，并最终形成生命观念、科学思维、探究实践及态度责任等生物核心素养，使学生的生物学学习更加深化、更加有效、更加完善。

四、基于生物学科核心素养的大单元教学设计策略

1. 单元主题内容聚焦大概念

新版生物学课程标准的基本理念之一，即“内容聚焦大概念”。生

物学大概念是在若干重要概念的基础上形成的，重要概念又是以若干生物学事实性知识构成的次位概念为基础。传统生物学课堂中的教学目标往往只是落实零散的生物学知识点，因此学生只能掌握相互独立的小知识点，并不能形成系统的知识框架，这是阻碍学生生物学核心素养形成的重要因素之一。聚焦大概念的单元整体教学是转变教师传统教学观念和帮助学生形成系统化、整体化知识体系的重要途径，可以有效地防止学生停留在浅层学习的阶段，将生物学知识融会贯通、整体建构和深度提升。

例如在“生物的遗传与变异”单元整体教学设计中，“细胞核”“染色体”“DNA”“基因”“性状”“遗传”“变异”等生物学事实性知识构成下列三个重要概念：① DNA 是主要的遗传物质，基因是包含遗传信息的 DNA 片段，它们位于细胞核的染色体上。②亲本通过生殖的方式将遗传物质传递给子代。③遗传性状是由基因控制的，基因携带的遗传信息是可以改变的。教师基于以上三个重要概念形成最终的大概念——生物在生殖和发育过程中表现出遗传和变异的现象。大概念的形成不仅能够帮助学生形成完整的知识体系，培养学生的生命观念，同时也能促进学生思维的深入发展。

2. 合理确定大单元教学主题

教学主题是大单元教学设计的基础和关键，尤其对于生物课程来说，其本身涉及的内容范围就比较广泛，若缺乏核心的课程主题设计，就很容易使学生陷入“知其然而不知其所以然”的学习误区。在核心素养和大单元教学理念指导下，教师首先要合理确定大单元教学主题，充分结合教材具体内容和学生的实际状况，对生物单元知识进行分解、分析与提炼，使一个单元中的主干线索清晰明确，进而为学生的生物学学习提供可行的支点，使学生能够在复杂的生物内容中快速聚焦，为学生的单元整体学习指明入口。

3. 精心设计大单元教学目标

教学目标是对教学主题的进一步深化和具体化，也是开展大单元教学的基本前提和保障，教学目标设计科学与否直接决定了大单元教学的最终效果。因此，教师就要基于生物学核心素养对大单元教学的目标进行精心设计，一方面要避免对教材的直接复述，另一方面要与学生的学习认知与学习能力相符，从而使教学目标能够来源于教材又高于教材，使学生经过课堂学习的实践能够切实在原有基础上取得进步，基本达成教学目标。

4. 合理创设大单元教学情境

传统的教学往往是“就课论课”，问题和情景的设计大多拘泥于单一的课时内容。单元整体教学与传统的单一课时教学最大的区别在于单元整体教学是系统教学，而传统课时教学是先分散后总结式的教学。单元整体教学中的问题设计可以避免教学只停留在局部知识上，教师根据学生的学情和对问题需要解决的程度确定本单元的核心问题。问题的创建从学生生活实践入手，创设学生熟悉的情景，基于单元的大概念和相关情境设置系统化、递进式的问题和任务，以加深学生对知识概念的理解，提高学生基于问题和情境的探究能力和思维水平。

例如在“生物的遗传与变异”单元中，教师首先通过创设“小红的父母都是双眼皮，小红也是双眼皮，但是小红的弟弟小明却是单眼皮”这一情景，提出以下问题：①眼睑特征在生物学中被称为什么？像单眼皮和双眼皮这样的不同表现类型，遗传学中被称为什么？②眼睑特征是由什么物质控制的呢？它又具有怎样的特点呢？③父母是如何将眼睑特征传递给子女的？传递过程中又遵循哪些规律？④小红的眼睑特征与父母相同，弟弟小明眼睑特征与父母不同，两者分别属于什么现象？小明如果成年后通过手术变成双眼皮，再与单眼皮女生结婚后，能生出双眼皮特征的孩子吗？⑤小红的父母又生了一个孩子，发现为白化病患者，白化病的病因是什么？又具有哪些遗传特点？有哪些措施可以避免小红的后代也出现该病？通过以上情景和问题使学生明确本单元的学习任务，并通过情境帮助学生建立起知识之间的联系。

5. 不断改进大单元教学评价

教学评价是大单元教学设计的灵魂所在，同时也是教师获得教学反馈，调控教学行为以及改进课堂教学的重要手段。大单元整体教学过程中应遵循“教—学—评”一致性的理念。在各个教学环节中，教师依据促进学生发展的目标进行评价，采用以表现性评价和过程性评价为中心的多种评价方式，有效评估学生生物学核心素养的发展水平，为教师教学评估提供有效的依据。大单元教学评价注重以学生发展为中心，以单元教学内容为依据，以学科核心素养为指引，从而使教学、学习、评价能够更加契合，为学生的长远发展提供充足动力。

比如，针对我国癌症发病率高等社会热点问题，可让学生进行自主讨论，改变常规的教师评价方式，引导学生进行相互评价，进而提高学生的态度责任。对于一些实验操作类活动，可以在学生规范进行实验操作、结果记录及结论分析的基础上，针对存在的问题进行评价分析，并对实验进行改进，进而提高学生的探究实践能力。

附件 1

大单元教学设计案例《生物圈中生命的延续和发展》

人教版生物（2012 年版）八年级下册第七单元第二章第五节

1. 单元教学设计说明

人教版生物教材（2012 年版）在充分考虑学生发展、社会需求和生物科学发展等方面的需求上，突出“人与生物圈”和谐发展这一重点，构建了以“人与生物圈”为主线的课程体系。现参照《义务教育生物学课程标准》（2022 年版），对《生物圈中生命的延续和发展》这一单元的课程要求和教学设计分析如下：

（1）课程目标：在生命观念方面，获得有关生命活动、生物与环境、生物多样性、生物进化以及生物技术等生物学基本事实、概念、原理和规律的基础知识，形成进化与适应观，结构与功能观等生命观念。在科学思维方面，初步学会运用所学的生物学知识分析和解决某些生活、生产或社会中的实际问题。在探究实践方面，初步学会生物科学探究的一般方法，发展学生提出问题、作出假设、制订计划、实施计划、得出结论、表达和交流的科学探究能力，发展合作能力、实践能力和创新能力。在态度责任方面，乐于探索生命的奥秘，具有实事求是的科学态度、探索精神和创新意识。

（2）课程内容：生物的生殖、发育和遗传是生命的基本特征。植物、动物和人通过生殖和发育维持种族的延续，而在生殖和发育的过程中会出现遗传和变异，遗传和变异与环境的变化长期地相互作用，导致生物的进化。学习动植物生殖、发育和遗传的基础知识，以及遗传育种在生产实践中应用的知识，有助于学生认识生物科学技术在生产生活和社会发展中的作用。教师要引导学生观察动物的生殖与发育过程，开展植物嫁接和扦插、家禽的饲养和繁育活动，通过对人类基因组计划、禁止近亲结婚、遗传和变异原理在育种上的应用等问题的讨论，激发学生的学习兴趣。上述内容中涉及的有关伦理观和价值观问题，教师应给予适当的指导。

（3）课程评价：重视对生物学生命观念的形成，科学思维的发展，探究实践的完成以及学生态度责任的养成情况进行评价。重视考核学生对生物学核心知识的构建和应用，关注学生对发现问题，解决真实情景中具体问题等能力的评价；重视学生用自评的方法发现学习过程中的问题和薄弱环节，并进行自我反思与改进。

本单元内容和前六个单元之间存在着内在的逻辑关系，同其他单元一样，本单元同样重视人与生物圈，密切联系人类的生活和生产实际，突出生物与环境的关系。其次，本单元的内容不但对学生进一步理解生命的本质（如遗传和变异的本质是遗传信息的传递和改变）、理解生物多样性的形成具有重要意义，而且对于他们树立辩证唯物主义世界观同样十分重要。

2. 单元学习目标与重点难点

【学习目标】

【生命观念】

（1）举例说出生物能以不同的生殖方式将遗传信息传递给后代（包括有性生殖和无性生殖），不同的动物发育方式可能不同；

（2）举例说出生物的性状是由基因（有遗传效应的 DNA 片段）控制的，可通过生殖细胞传递给后代，在传宗接代的过程中，遗传信息的改变将导致可遗传的变异；

（3）说出生物遗传和变异与环境共同作用，导致了生物的进化，感悟生物学的进化与适应观；

（4）明确生物生殖和发育多样性的意义，初步形成生物生殖和发育方式与环境相适应的观点；

（5）理解生物界的发展变化，形成生物进化观，为树立辩证唯物主义世界观奠定基础。

【科学思维】

（1）运用证据和逻辑进行推理、论证、预测和评价；

（2）在认识事物、解决实际问题的过程中，尊重事实证据，态度严谨求实。

【探究实践】

（1）尝试进行植物的扦插和嫁接；

（2）尝试在更具有自主性的前提下，通过独立思考和小组合作完成较完整的科学探究活动。

【态度责任】

（1）认同科学上存在争议是正常现象，合理的怀疑是科学进步的动力。初步形成敢于怀疑和严谨求实的科学态度；

（2）认同优生优育，用科学的态度看待生男生女问题。

【重点】

（1）植物有性生殖和无性生殖方式，昆虫、两栖类、鸟类等动物生殖发育的过程及特点；

（2）生物体的性状由基因控制，基因是有遗传效应的DNA片段，含有特定遗传信息，可通过生殖细胞传递给后代；

（3）由基因所携带遗传信息的改变所引起的变异是可遗传的变异，否则为不可遗传的变异；

（4）生物进化的主要历程以及生物进化的原因（自然选择学说）。

【难点】

（1）生物的遗传和变异与环境的共同作用，导致了生物的进化；

（2）在更具有自主性的前提下，通过独立思考和小组合作完成较完整的科学探究活动（花生果实大小的变异、模拟保护色的形成过程等）。

3. 单元整体教学思路（教学结构图）

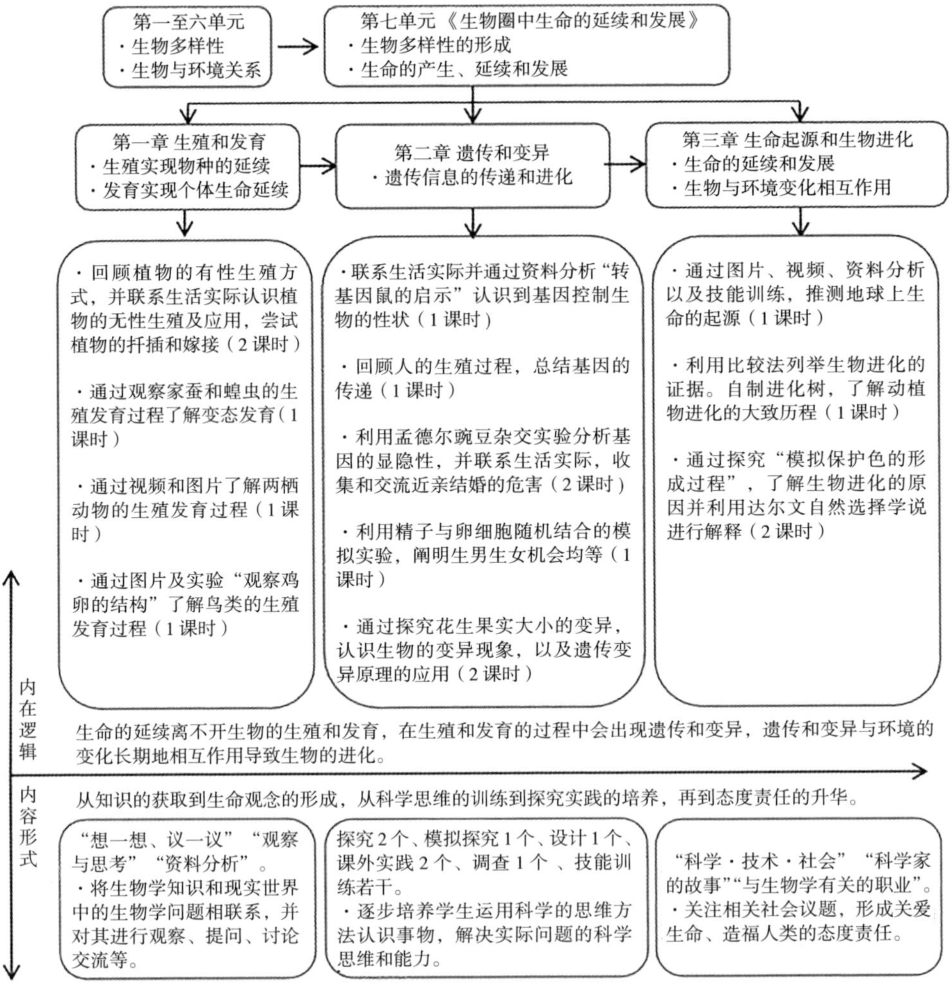

（此案例由北京实验学校张蕾老师设计，李银乐指导）

附件 2

生物的变异（教学设计）

1. 教学内容分析

人教版生物学教材八年级下册第七单元第二章《生物的遗传和变异》，是在让学生从宏观角度——动植物通过不同生殖和发育方式繁衍后代、维持生命的延续，初步学习了生物多样性形成原因的基础上，进一步从微观角度——基因水平，让学生了解生物多样性产生以及生命延续和发展的本质。

在内容的设计上，本章抓住基因这一关键词，以基因线索贯穿全章。第一节《基因控制生物的性状》，解决的是生物个体的性状以及与基因的关系问题，同时也隐含亲代的性状能够在子代中出现，实际上是亲代的基因传递给子代的缘故，那么亲代基因是如何传递给子代的，就是第二节《基因在亲子代之间的传递》的重点内容，关于配子如何成为遗传桥梁的问题。配子所携带的基因会导致后代产生什么样的性状，和亲代是否相同，就是第三节《基因的显性和隐性》的内容，重点解决的是控制相对性状的成对基因之间的关系。前三节主要是对基础知识的学习，而第四节《人的性别遗传》是对所学内容的运用。关于人的性别决定，教材从染色体入手，最终将落脚点放在了基因水平。第五节《生物的变异》是对之前所学内容的延伸，是以基因为主线，基因传递的过程中有稳定的一面，就是我们所说的遗传；也有基因发生改变或是基因组合发生改变的情况，就是我们所说的变异。这种变化必然导致亲子代之间性状上的差异，而在这一节中，还特别提出了生物的性状既受基因的控制，还受环境的影响，使学生对性状与基因的关系、遗传与变异的内容理解得更加全面。

《生物的变异》是第二章第五节的内容，本节的“想一想，议一议”，介绍了人工培育金鲫鱼得到金鱼的实例。学生非常熟悉金鱼，但不清楚金鱼的由来，教材创设这样的情境，目的是引导学生注意到同种生物之间也存在各种差异，而这种差异形成的原因就是本节需要解决的问题。本节内容丰富，主要包括4个方面的内容，计划两课时完成教学任务。第一课时，内容是生物的变异现象是普遍存在的，探究实验——花生果实大小的变异。第二课时，内容是人类利用遗传变异原理培育新品种，科学家的故事《袁隆平和他的超级杂交水稻》。

第一课时：通过多媒体展示和同学生活息息相关的生物变异的图片，帮助学生认识到同种生物之间的变异现象，以及生物变异现象是普遍存在的。那么，生物的变异现象为什么普遍存在，要让学生回答这一问题，关键是组织好对“花生果实大小的变异”的探究活动。该探究创设的情境是小熊和几个好朋友在吃花生时发现了花生有大、小两个品种，他们对于怎样区分大小提出了自己的看法。学生可以从中得到启发，提出要探究的问题。为了给学生提供更多的帮助，教材介绍了大、小花生是两个品种，花生果实的大小存在变异。如何通过实验来证明这种差异确实存在呢？教材提示可以从取样、测量、整理数据、画出曲线图等步骤进行探究。并且教材在制订计划并实施这一环节，以提示的形式，指导学生开展探究活动。从随机取样、样品的数量、测量工具及方式以及数据收集及处理都给出了建议。最后利用4个讨论题引导学生对探究结果进行分析，为学生得出合理结论，做好了铺垫。

对于测量大、小花生的数量，每组种子应不少于30粒，但由于课堂上时间有限，以及重复操作的不必要性，将实验改为每组各测量10粒，结合3组的数据进行观察和分析，既节约了时间，也保证了学生必要的动手实践。

对于生物变异原因的介绍，教材强调了变异首先是由遗传物质决定的，同时也受环境的影响。为了帮助学生更好地理解变异中遗传物质的变化，教材在“小资料”中介绍了遗传物质是怎样变化的。

第二课时：在“人类应用遗传变异原理培育新品种”中，教材提供了3幅示意图，并采用图文结合的方式分别介绍了人工选育，杂交育种和诱变育种，让每个学生明确所要学习基础知识的同时，也是对学习能力的进一步培养。学生在读图、识文的过程中还需要在横线部分填写每个实例所蕴含的科学道理。这一过程需要学生的观察、分析，并结合已经学过的“基因控制生物的性状”的知识进行推理判断。最后还要进行表达，经历这个过程，学生也提升了相应的学科素养。

通过科学家的故事《袁隆平和他的超级杂交水稻》，让学生了解到中华民族在培育动植物优良品种方面做出的重大贡献。比如水稻、家猪的培育，特别是袁隆平和他的超级杂交水稻，多养活了世界7000万人口，可以培养学生的民族自豪感。同时，也让学生了解到育种专家工作的艰辛，渗透科学精神的教育，并培养勤俭节约的意识。

2. 学习者分析

根据课前调查，在已经学习了第一节《基因控制生物的性状》的基础上，学生已经知道把亲子间的相似性称为遗传，把亲子代之间及子代个体间的差异称为变异。对遗传和变异现象并不陌生，但是缺乏对变异现象的深入理解和思考。

学生根据课堂所学和已有的生活经验，能够列举出一些关于变异的例子。例如电影中出现的“蜘蛛侠”就是被改变基因的蜘蛛咬了之后发生了变异；再如生活中出现的连体婴儿、奇形怪状的水果、蔬菜等等，学生认为这些不正常的、具有特异功能的、生活中少见的才是变异。这就不难发现，学生对于变异现象的认识是片面的，尤其是“变异是普遍存在的”这一观念并不能全面准确的理解。

另外，本人还对部分高中学生进行了调查，结果发现仍有部分学生对变异现象的理解有偏差，他们认同变异是“大部分”存在的，而非“普遍”存在的。可见，初中的生物学基础不够扎实，就会影响到后续的学习。所以，如何让学生理解变异是一种正常的、普遍存在的现象，是本节教学的第一个难点内容。

本节的第二个难点内容是组织好对“花生果实大小的变异”的探究活动。其实探究实验对于初二的孩子来说，已经有了一定的经验和基础。课前调查发现，通过之前3个学期的学习和实践，学生已经能够比较熟练地掌握探究实验从提出问题到交流讨论的6大基本步骤。其次，初二的孩子自主学习能力有了一定的提升，再加上教材上给予了比较明确的探究方法（取样、测量、整理数据、画出曲线图等）以及计划实施提示等，学生对实验的整体思路是比较清晰的。

但是，由于课堂上对学生实验的动手实操能力培养有限，所以学生缺乏对实操细节的科学设计。例如，对选取花生的具体数量、准确测量的工具以及数据单位、测完后花生是否放回等问题的思考不够到位，这是上课时需要重点强调的，否则会造成实操中的卡壳和混乱。但是这些问题的难度并不大，学生可以通过自己思考得出解决方案，所以教师可以通过一系列问题驱动的方式来促进学生思考，同时，也有助于学生养成严谨的逻辑思维能力。

3. 学习目标确定

生命观念：（1）阐明生物的变异现象是普遍存在的，认同生物世界的多样性和统一性；（2）举例说出可遗传的变异和不可遗传的变异，并能说出引起两种生物变异的原因；（3）举例说出生物的性状既受遗传物质控制，又受环境因素的影响，是二者共同作用的结果。

科学思维：（1）列举并分析生活中关于遗传物质和环境共同作用于生物性状的实例；（2）通过比较图片，说出生物的变异及变异的类型；（3）运用所学知识解释生活中的生物学问题，养成学生严谨、细致的逻辑思维方式。

探究实践：（1）体验探究生物变异的方法，掌握科学探究的方法、步骤；（2）通过探究活动，使学生在取样、测量数据、画曲线图等方面得到训练；（3）尝试在更具有主动性的情况下设计实验，更自主的处理实验细节、分析实验数据、得出实验结论。

态度责任：（1）培养学生对生物学及大自然的热爱之情。对于探索生命奥秘的兴趣，以及实事求是的科学态度和创新意识；（2）通过遗传变异原理在培育新品种中的应用，感受遗传变异与生活的重要关系。

4. 学习重点难点

学习重点：理解“生物的变异现象是普遍存在的”这一概念；可遗传变异、不可遗传变异及引起两种变异的原因；遗传育种在实践中的应用。

学习难点：理解“生物的变异现象是普遍存在的”这一概念；探究生物变异的方法，处理和分析数据。

5. 学习评价设计（以下 5–9 项仅以第一课时为例进行说明）

学业评价指标		
生命观念形成情况评价	变异的类型和原因	认识到变异现象是普遍存在的
		能举例说出可遗传的变异和不可遗传的变异
		说出造成可遗传的变异和不可遗传的变异原因是遗传物质和环境共同决定的，形成进化与适应的生命观念
探究实践达成情况评价	探究一种变异现象	学生对整体实验思路的把握情况
		问题驱动环节，学生对实验中细节问题的思考和解决情况
		探究实验的基本过程，学生在作出假设、制订计划、实施计划、收集数据、得出结论、表达和交流等环节的表现
态度责任培养状况评价	对生物学及大自然的热爱之情，对于探索生命奥秘的兴趣，以及实事求是的科学态度和创新意识	
	严谨细致的实验实施以及科学的实验态度	
	小组合作探究学习中的成员分工、参与程度、合作意识以及团队意识	

续表

科学思维发展情况评价	在教学过程中逐步形成的观察、归纳、发现问题的能力；设计实验、操作实践、调查研究、动手实验的能力；收集和分析数据、表达和交流的能力	在小组合作探究过程中所表现出的表达、交流、合作能力
		在实验过程中形成观察、发现、解决问题及推理的能力
		实验操作中，对于测量工具的使用情况、测量后花生是否放回等细节的处理能力
		收集测量数据并进行数据处理和图形分析的能力
		利用讨论，对新学到的知识点进行归纳、总结的能力

利用记录得分、口头表扬等，对小组表现及时统计和反馈，帮助学生不断提高小组的凝聚力和荣誉感；促进同学间的合作学习，调动学生学习的积极性；利用小组自评和小组互评，使学生既能相互学习又能相互监督，形成你追我赶的良好学习氛围。

利用探究“花生果实大小的变异”，以及小组成员的分工合作情况，对每位学生在小组讨论、制订计划、数据测量和处理中的态度、表现进行评价，明确学生对探究活动的参与情况，对花生果实大小变异的原因进行分析和推测。

6. 学习活动设计

教师活动	学生活动
环节一：教学引入：了解生物的变异现象。	
教师活动 1 （教学环节中呈现的学习情境、提出驱动性问题、学习任务类型；对应学生活动，示范指导学科思想方法，关注课堂生成，纠正思维错漏，恰当运用评价方式与评价工具持续评价促进学习。下同） （1）出示金鱼和金鲫鱼图片：金鱼是由野生类型金鲫鱼人工培育而来。	学生活动 1 （学生在真实问题情境中开展学习活动；围绕完成学习任务开展系列活动与教的环节对应，学生分析任务→设计方案→解决问题→分享交流中学习并有实际收获。下同） （1）观察图片：思考金鱼身体颜色变化的原因并积极回答问题。

续表

<table>
<tr><td>【问题驱动】你能说出金鱼身体颜色变化的原因吗？引入新课。
（2）出示学习目标：
①什么是可遗传的变异和不可遗传的变异，以及引起生物变异的原因；
②探究生物变异现象的方法。</td><td>（2）明确本节课的重点学习内容。</td></tr>
<tr><td colspan="2">活动意图说明
（1）情境引入，通过问题驱动激发学生的学习兴趣，使被动的课堂灌输变为学生主动探索、寻求问题解决的过程；
（2）了解学生对生物变异现象的认识，为后面理解生物的变异是普遍存在的打下基础；
（3）展示本节课学习目标，让学生有的放矢的开展后续学习活动。</td></tr>
<tr><td colspan="2">环节二：生物的变异现象是普遍存在的</td></tr>
<tr><td>教师活动 2
（1）出示动物、植物以及微生物多样性图片。
【问题驱动】放眼生物世界，不同种类的生物千差万别，原因是什么？
（2）出示生物变异的图片：猫的一家、不同品种的玉米果穗、谢霆锋一家等。
【问题驱动】同种生物之间也存在各种各样的差异，原因是什么？
【总结提炼】这种差异在同种生物上的表现就是之前学习的相对性状，引导学生总结相对性状的本质。
（3）学生结合生活，说说生物变异的实例。
（4）总结生物变异的普遍性。</td><td>学生活动 2
（1）不同物种生物之间各种各样的差异是生物的变异现象；变异现象出现的范围是整个生物界。
（2）同种物种生物之间各种各样的差异也是生物的变异现象；相对性状本质上就是变异。
（3）举例说明生物的变异。
（4）总结：生物的变异现象是普遍存在的。</td></tr>
<tr><td colspan="2">活动意图说明
（1）通过课前调查，大部分同学普遍认为那些畸形的、不正常的才是生物的变异，所以环节二的主要学习任务就是让学生了解到变异现象是普遍存在的，时刻发生的。所以，采用大量和日常生活息息相关的图片，从不同物种到相同物种，从宏观到微观，依次向学生阐述生物之间各种各样的差异都属于生物的变异现象。
（2）之前所学习的相对性状，从本质上理解就是生物的变异，进一步帮助学生理解生物的变异是普遍存在的（不同于大部分存在）。
（3）通过学生自己举例，进一步巩固落实“生物的变异现象是普遍存在的”这一观点。</td></tr>
</table>

续表

环节三：探究花生果实大小的变异（探究一种变异现象——实验）	
教师活动 3 （1）请同学观察大小烧杯里的花生果实，有区别吗？是变异吗？（结合课本 p44 探究） （2）如何证明是大花生和小花生两个不同品种的花生。——从花生的大小方面来验证（操作最为简单），引入探究实验。 （3）复习探究实验的六步，并请 4 位同学为一小组，初步制订人员分工以及完整的探究计划（5 分钟）。 （4）完善计划，倾听学生汇报，适时给予指正，其中在制订计划环节，通过以下问题细化完善计划。	学生活动 3 （1）是变异。大、小花生果实各方面都存在变异的情况：颜色、长短、大小等。 （2）从不同的相对性状均可验证。 （3）探究实验的基本步骤：提出问题→作出假设→制订计划并实施计划→分析结果→得出结论→表达和交流。4 人小组讨论，初步制订人员分工以及探究计划。 （4）小组汇报探究计划。 提出问题：花生果实大小有变异吗？ 作出假设：花生果实的个体大小存在变异。 制订计划并实施。
【问题驱动】 如何区分大小不同的两个品种的花生果实？ 测量花生果实的哪个部位？ 如何选择花生？选择多少花生？ （课堂上时间有限，选择 15 粒花生） 用什么工具来测量？ 得到测量结果后，如何比较？ 为了更直观说明这个问题，我们还能怎么做？ 测量后花生是否放回？ 【总结汇报】请同学根据以上细节问题汇报完善后的实验计划。 【实施分工】实施过程人员分工的提示。 （5）学生实施计划，开始探究实验并将相关数据记录在学案上（10 分钟） （6）随机选取 3 个小组展示并汇报实验结果	 通过测量 果实长轴 随机，30 直尺，圆规 平均值 绘图 不放回 学生根据以上问题，进一步总结实验计划 1 人测量大花生（10 粒）； 1 人测量小花生（10 粒）； 1 人记录数据； 1 人绘图（大花生——红笔；小花生——黑笔）。 （5）4 人小组合作完成探究实验 （6）花生存在果实大小的变异

续表

（7）结果分析。 【问题驱动】大小花生长度的平均值有差异吗？说明了什么？即课本探究讨论（2）计算并比较两个品种花生果实长度各自的平均值，你能得到得出什么结论？ 【问题驱动】坐标图上两种花生的长度范围（大花生中最小的长度，小花生中最大的长度），说明了什么？即课本探究讨论（1）用语言描述两个品种花生果实在不同长度范围内的数量分布状况，你能得出什么结论？分析环境导致变异所影响的个体数量。 【总结提炼】遗传物质和环境对生物变异的影响	（7）讨论（1）大花生果实长度的平均值大于小花生果实的平均值，这种差异主要是由于遗传物质的差异引起的。 讨论（2）同一品种的花生，果实的长度有长也有短，这主要是环境引起的变异， 环境影响所引起的变异程度是有限的。 总结：不同种类之间，不同个体之间的差异，首先，决定于遗传物质的不同，其次，与环境也有关系。
（8）拓展延伸。 【问题驱动】讨论（3）把大花生种在贫瘠土壤中，小花生种在肥沃土壤中，它们结出的果实会怎样？请推断一下为什么？ 再讨论：将上述大花生结出的果实播种到肥沃的土壤中，它们结出的果实会怎样？原因？ 讨论（4）从大花生中选择一粒粒大饱满的种子种下去，收获的种子一定都是大的吗？为什么？	（8）讨论（3）大花生的种子种在贫瘠的土地中，其果实将会变小；小花生的种子种在肥沃的土壤中，其果实会变大。依据：环境的变化影响生物性状的表现。 再讨论：变大，环境所引起相对性状的改变是不可遗传的。 得出结论：单纯由环境引起的变异是不可遗传的变异，与遗传物质有关的变异是可遗传的变异。 讨论（4）不一定，要由控制花生大小这一对相对性状的基因组成来确定。
（9）归纳总结。	（9）①生物性状的变异是普遍存在的，引起变异的原因也是多种多样的。 ②不同种类之间，不同个体之间的差异，首先决定于遗传物质的不同，其次与环境也有关系。 ③与遗传物质有关的变异是可遗传的变异，单纯由环境引起的变异是不可遗传的变异。

续表

活动意图说明
（1）该实验常常容易被学生和教师忽略，一是由于动手难度不大，而且存在大量重复性的测量工作，耗时较长。往往是教师分析清楚原理之后就一带而过，不再进行实际操作。但也正是由于该实验的难度不大，可以让学生在更具有自主性的前提下，通过独立思考和小组合作完成较为完整的科学探究活动。这对于培养学生的自主探究能力、分工合作能力具有重要意义。
（2）为了更好地培养学生的自主探究能力，采用先初定再细化的教育方式。首先，4人合作小组思考制订初步实验计划，从整体上把握整个实验；其次，利用小组汇报的形式，在汇报的过程中，通过问题驱动，帮助学生细化和完善实验细节，培养学生严谨的科学实验态度和逻辑思维。
（3）为了解决课堂上时间有限的问题，采取每个探究小组测试10粒花生的实验方案，结合3个小组的测量结果来进行综合分析，即节约了时间，又保证了每个同学都能动手实践。
（4）提前准备学案，利用表格帮助学生记录和整理数据；提前准备好坐标轴，让学生直接作图，从而减少不必要的时间浪费，另外，坐标轴设计的尽可能大，方便在全班展示和交流。

7. 板书设计

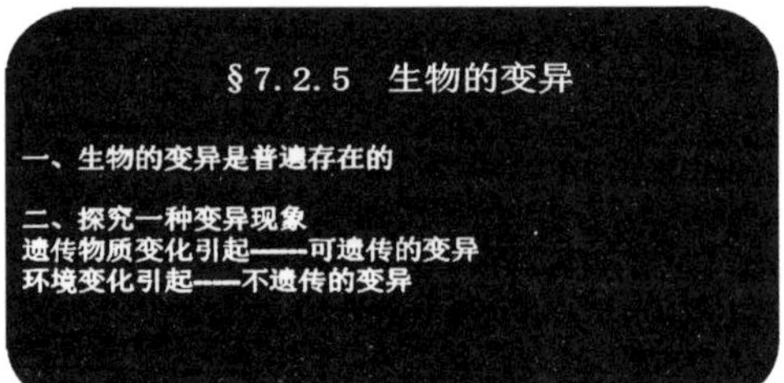

8. 特色学习资源分析、技术手段应用说明

本节课通过金鱼体色变化的原因，引入课题，通过多媒体，展示大量和学生生活息息相关的图片，让学生直观地了解复杂多样的生物世界，逐渐意识到生物多样性形成的原因——变异现象，时刻出现在我们的身边，相对性状的出现就是变异最直接的体现，帮助学生理解变异是普遍存在的，而并非是大部分存在的或者偶然出现的。

此外，为了培养学生的动手能力，让学生能够在更具有自主性的条件下，对科学问题进行探究。将实验“探究花生果实大小的变异”纳入课堂中，为了解决课堂上时间有限的问题，采取每个小组测量大、小花生各10粒，结3个小组的测量及绘图结果来进行分析的实验方案；为了方便数据的分析和处理，提前设计学案，准备好用以记录数据的表格和用以绘图的带有辅助线的坐标轴；为了方便全班同学观察，将坐标轴放大到A4纸大小，保证全班同学观察，并将制图笔换为红色、黑色白板笔，保证每一位同学观察清楚；最后，通过磁力贴将学生的绘图结果展现在黑板上，方便全班同学观察，讨论和交流。

9. 教学反思与改进

成功之处：根据课程内容以及学生特点，将本课时内容分成了两个部分。学生在学习理论知识的同时也通过自己的实践，对知识进行进一步的掌握和内化。

（1）根据课前调查，发现学生大多认为变异是指那些偶发的、不正常的生命现象，所以让学生理解生物变异是普遍存在的，而并非是大部分存在的或者偶然出现的这一观点非常重要。于是分别从动物、植物以及微生物着手，从不同物种生物各不相同，到相同物种不同个体间也各不相同，从宏观到微观让学生体会到生物的多样性，而多样性的本质（在相同物种上就是生物的相对性状）就是生物的变异，帮助学生体会变异现象的普遍性。

（2）通过实验“探究花生果实大小的变异”，很好地培养了学生的动手能力以及严谨的科学实验态度。其实，这个实验对学生的难度并不大。从课堂表现来看，大多数学生都可以大致地说出整个实验的过程。对于提出问题、作出假设等环节的把握也较为准确。但是实验细节的设计对学生来说是一个难点，具体测量的是花生的什么部位？用什么样的工具进行测量？测量完的花生是否还放回到原来的容器中？这些都是学生容易忽略的细节。通过实验，可以让学生在真实的情境中去思考、讨论、解决这些问题，而不再是以往的纸上谈兵。该实验给学生提供了较大的自主性，可以说是一次由学生自主进行的较为完整的探究过程，为今后学生解决类似的科学问题打下了坚实的基础。

不足之处：教学过程、内容、环节还可再进一步精简及合理化。在进行小组探究实验时，学生积极性较高，导致课堂纪律有些嘈杂，今后还要加强对课堂、对学生的把控。

（3）后续任务：利用《同步学练册》、课后习题、试卷、学案等对学生核心知识的掌握及核心重点目标形成的情况进行评价；利用学生参与课堂互动的次数、参与程度以及积极程度对学生的学习态度进行评价，在适当的时候，给予“鼓掌”“表扬”“奖品”等方式的激励。

（此案例由北京实验学校张蕾老师设计，李银乐指导）

第三部分

教研篇

修炼密码

密码一：魅力生物教师的修炼是全面、综合的成长过程。教学研究是教师成长的“催化剂”，可以加速生物教师的成长和修炼进程，是从普通教师成长为专家型教师的必由之路。

密码二：生物教师的教学研究工作具有其自身的特殊性。中小学教师虽然从事的是教育实践，但也要遵循教学研究的一般规律，尤其是课题研究，要有教育专家进行科学研究的系统性和严密性。

密码三：生物教师的教学研究要来源和服务于教学实践。教育科研的第一步是在生物教育教学实践中发现和选择合适的研究问题；将教学实践作为研究的出发点和落脚点；针对问题需要制订科学的研究计划；研究的实施必须严谨和实事求是，得出的结果和结论要有真实的数据做支撑。这样的教育科研才有教学实践的真正价值和意义。

密码四：本篇除了对生物教学研究的主要路径进行全面论述外，还收录了学习方法研究、习惯养成教育、专题实验研究、假期实践活动、课程体系构建等生物教学研究案例，为生物教师成长为专家型教师提供了广阔的研究视角和鲜活案例，对生物教师的高阶成长具有重要的借鉴意义。

生物教学研究的主要路径

教学研究是生物教师提升专业水平的重要途径，就目前生物教师教学研究的主体来看，教学研究的主要路径可以分为三大类，分别是以教师个人为主体进行的教学研究，同备课组、教研组为主体进行的教学研究，不同教研组或不同学校之间进行的横向教学研究。

以教师个人为主体进行的教学研究有课后反思、撰写课例等多种，在这里仅就这两种形式作一介绍。

一、课后反思

教学是不完美的艺术，通过教学反思可以总结优点，查找不足，提出改进建议，从而快速提高课堂设计水平，提升课堂教学质量，为生物教学提供经验总结，提高生物教学的整体水平，教学反思是教学研究的重要方式和教师专业成长的重要途径。课后反思是教学反思的一种重要方式，在很多学校的教案本中，教学设计的最后一栏就是课后反思。课后反思一般在课堂教学结束后，根据课堂教学的真实效果和学生的课堂反应，及时总结记录课堂的优缺点和教学呈现的灵感，及时完善调整课堂教学设计。课后反思重在坚持，经常坚持写课后反思，记录改进和完善课堂教学设计的细节，可以结合课堂教学的真实情况和感受快速发现问题，改进教学，思考改进方法，从而通过教学实践的及时反思，快速提升教师教学水平，提高对生物教学的认知。

二、撰写课例

撰写课例是教学研究的一种常用方式，也是提升教师教学水平的有效手段之一。撰写课例包括教学设计、课堂实录、课例剖析、说课稿等方式，也就是以不同方式用文字全面展现出对一堂课的设计理念、教学思路、课堂流程、师生活动、设计意图等，从不同角度展现课堂设计的全貌。撰写课例可以克服以教案、课件、学案等形式展现上课材料的弊端，避免只呈现上课使用的“学什么？怎么学？学的怎样？”，全面分析呈现出“学情怎么样”“为什么这样学”“为什么这样设计”等方面的理论依据，从而提高教师的教学设计水平，好的课例设计可以参加课例评选或向学科教学期刊投稿，对于教师全面把握学生情况、课标要求、教材内容，设计出有深度、有高度的高水平课堂，全面提升教师的专业化水平具有重要意义。

同备课组、教研组为主体进行的教学研究是教学研究的主要形式，包括教研活动、集体备课、听课评课、课程建设等。课题研究、实践研讨、主题论坛等，可以在备课组、教研组内进行，也可以在部分同学科老师、跨学科老师之间进行，甚至是在区域学校之间进行，在这里就放到横向研究中去介绍。

三、教研活动

教研组的教研活动是中小学校最普遍的教学研究形式。教研组活动一般一周或者两周安排一次，每次 1—2 节课。教研组活动作为常规的教学研究形式，时间、地点、人员和研究主题在学期初制订的教研组工作计划中是确定的。因为中学生物教研组教研活动的成员一般是本教研组的所有教师，涵盖了初一、初二两个年级的生物教师，教研活动主题一般以生物学科的课标学习、教材研读、教法研讨、课题研究、听课评课、实验设计、校本课程、学科活动、专家讲座等为主，教研组长或某一位老师主持或主讲，有些主题如听课评课等需要人人发言。实际上，生物教研组的教研活动并没有固定统一的模式，只要可以提升生物教师的教学能力和水平，提高生物学科的教学质量，促进生物教研组的学科建设，适合本校生物教研组的情况，都是好的教研活动。

四、集体备课

集体备课是备课组教研活动的主要形式。备课组活动一般 1 周 1 次，每次 1—2 节课。集体备课作为备课组最主要的教学研究方式，时间、地点、人员和研究主题在学期初制订的备课组工作计划中是确定的。集体备课顾名思义就是同备课组的生物教师在一起备课，为了保证集体备课的顺利进行，备课组长作为活动召集人，要提前将每次集体备课的主备人提前安排好，主备人提前对集体备课的内容进行备课，在集体备课时，主备人介绍备课思路，备课组老师讨论修改，修改后的集体备课成果凝聚了全体备课组老师的智慧，成为每周上课的主要依据。生物学科集体备课的成果材料一般包括教案设计、上课的 PPT 课件、学案、作业、教学需要使用的模型、标本、需要与实验教师沟通的实验材料等，每堂课的设计在集体备课的基础上还需要根据老师个人的教学风格、特长及学生具体情况，进行个性化备课后，才能作为上课实施的教学方案。

五、听课评课

听课评课是教学研究活动的常见方式。听评课可以分成推门课、过关课、指导课、研究课、观摩课、示范课、异构课等多种形式。但作为教研活动的听课一般是研究课、观摩课、异构课为主，全体教研组老师参加。研究课的目的在于进行课堂教学的研究尝试和探讨，一般用于新的教法、新的课型，在集体设计的基础上，通过听课研讨交流，进行修改完善；观摩课一般是供人学习推广的课，执教者在课堂教学中有值得同行学习的亮点和做法，通过听课在学科组推广，通过听课提升学科组的教学水平和整体实力；异构课也叫同课异构，是指同一节课题有两个老师来上，比较学习不同老师的设计思路和教学效果，可以取长补短、优势互补。

听课、评课的意义在于教师之间相互切磋，促进教学创新和教师成长。为了达到这种目的，在听课时，不应该只关注学科知识，应更多地关注教师的素养、课堂的设计和学生活动，关注一堂课值得借鉴和推广的优点、长处、存在的不足和改进建议，让听课和被听的老师在教学理念、教材处理、课堂调控、教学艺术等方面都能有所长进和启发。

六、课程建设

目前，我国实行国家、地方、学校三级课程体系。三级课程的落地和实施关键在学校，构建学校完整的生物课程体系是每一所学校生物学科组的重要任务，是全面落实国家课程方案和生物学课程标准的关键，也是生物教学研究的重要方面。从教育部发布的国家课程方案和各学科的课程标准，到每一所学校可以实施的学科课程，是将国家课程与本校师资、学情、教学资源整合的过程，也就是国家课程校本化的过程，国家课程校本化建设研究实施得好，可以保证国家课程目标的到位落实，尤其是 2022 版新课标中课程内容的第七个主题“生物学与社会·跨学科实践”，要作为生物课程建设的一个重点内容进行研究，充分利用好本地教学资源，形成适合本校特点的，又符合课程内容要求的生物课程，保证国家课程目标的落地。地方课程和校本课程中与生物课程相关的参观博物馆、综合实践活动、研学课程、植物栽培实践活动、生物小制作、发酵食品制作等，都可以纳入学校生物学科的课程体系，从而成体系、分时段、有计划地开设和实施。

生物学课程体系建设是生物教学的需要，也是教学研究的需要，也是生物教师成长的需要，每一所学校的生物学科组全体老师都有责任和义务将本校的生物课程体系建设好。

不同备课组、教研组甚至是不同学校之间进行的横向教学研究也是教学研究的重要形式。通常包括课题研究、实践研讨、主题论坛、联合教研等。

七、课题研究

课题研究是生物教学研究的重要方式，对于教师掌握专业的研究方法，进行深入的专题性教学研究，取得高层次的研究成果具有重要价值。课题研究按课题大小和研究的层次是分层级的，一般遵循校级小课题到区级一般或重点课题，再到市级教育学会课题和列入市级教育研究规划的较大课题，再到中国教育科学研究院和教育部教育科学规划的大课题。课题研究与一般教育科研的区别，就在于课题研究的规范性和严谨性，从课题立项申报、课题开题、课题中期汇报、课题结题验收，都需要遵循相应课题主管部门的课题管理规范，按照课题规划按时实施课题研究，提交相应的过程性材料和研究成果，在课题结题时必须按要求提交相应的结题报告、课题研究成果和完整的过程性研究材料，才能通过专家验收顺利结题。对于生物教学来说，教学策略、大概念教学、大单元教学、分层教学、课程建设、课程育人、实验研究、作业研究、实践课程、中考备考等，都可以作为课题研究的选题。但为了让课题研究顺利进行下去，选题时一定要注意教师本人的研究专长、研究团队的特点、教学实践的需要和本校的实际情况，让选题有一定基础、有较强的针对性、适合教学的需要，并最终取得相应成果。

八、实践研讨

2022年版《义务教育生物学课程标准》将探究实践确定为生物学的四大核心素养之一，并将“生物学与社会·跨学科实践”作为一个单独的主题，充分说明了生物实践活动在生物教学中的重要性，有关实践活动的研讨也必将成为生物教学研究的重要内容。各学校一般有本校生物教师结合本地实际开发的传统实践活动课程，如植物栽培实践活动、发酵食品制作、生物小制作、学农实践活动、参观自然博物馆、参观中国科技馆等，生物教研组应该根据新课标的要求梳理规范活动的流程和细节，同时将实践活动中跨学科的内容如技术、工程学、数学、物理学等方面的内容加进去，完善成为规范的跨学科实践活动；对于一些新加入的跨学科实践活动，如眼球成像模型制作、模拟制作吸烟有害的实验装置、生态瓶的制作、动物饲养等，可以作为重点教学研究的项目，按照相应跨学科实践活动的内容要求和提示，根据易操作的原则，进行研究完善。实践活动的研讨既是生物教学研究的一个重点领域，也将成为新课标实施后教学研究的热点领域和容易出成果的领域。

九、主题论坛

主题论坛是生物教学研究的常见形式。主题论坛一般提前设计好与生物教育教学密切相关的研究主题，在一定范围内围绕确定的主题开展教学研究，在取得一定研究成果的基础上，召开主题论坛进行经验交流，集思广益，相互取长补短，进行思维碰撞，形成相关主题的系统全面的解决方案，这是一所学校或学科组集中攻关的重要形式，比较容易解决共性问题，取得教学成果，对于学校发展、学科组建设和教师专业发展具有重要意义。如本篇中收录的《比较法在生物课教学中的应用研究》《中学生物习惯养成教育研究》《中学生物第二课堂教学初探》《“探究小鼠的学习行为”

实验设计》《生物魅力课程体系构建的探索与实践》《初中生物假期实践活动课程的校本探索》都采取了课题研究和类似主题论坛的教学研究形式。

十、联合教研

一名教师、一个教研组的教育智慧是有限的。为了相互借鉴、拓宽思路、开阔视野，有必要在一个学校的不同教研组之间开展联合教研，相互介绍各自的做法和经验，或者集中研究解决某一个共性的问题，如北京实验学校同一学科的幼、小、初、高大教研，不同学科之间的学科融合课程展示等；同一区域或集团内的不同学校生物教研组之间也可进行联合教研，一般以建立教研共同体或名师工作室的形式进行，从而实现更大范围的生物教学资源共享，为区域内的生物学科建设和教师专业成长搭建平台，如紫竹院学区生物名师工作室的教学经验交流、观摩课研讨都是区域联合教研的好形式；对于一个学校而言，聘请名师专家有针对性地到校上示范课或者做培训也是联合教研的一种重要方式，具有很好的名师带动作用。

教学研究是生物教师提升专业水平的重要途径，其路径不只限于以上3大类10种，尤其是备课组、教研组及学校间横向的教研活动，主要目的是为生物教师成长搭建平台和学习机会。魅力生物教师的修炼和成长，最关键的还在于教师个人抓住一切机会，主动深入地研究、学习和钻研，才能最有效地提升教师专业水平、取得研究成果，在生物教师专业成长的道路上阔步前行。

比较法在生物课教学中的应用研究

义务教育生物学教学大纲明确指出："教师要积极改进教学方法和指导学生的学习方法"，基于这种思想，在生物课教学中我们进行了比较教学法应用的研究。

一、研究对象

山东莘县十八里铺镇中学初中一、二、三年级各班生物课教学。

二、方法与步骤

针对初中生物学中适于比较法教学的内容，选取不同方式进行比较法教学，设置实验班和对照班，对比较法教学的效果进行调查分析，与对照班比较，验证比较法应用的可行性及效果。

三、不同内容比较教学分析

1. 概念比较　如对细胞、组织、器官、系统进行比较后可知，它们是位于不同层次的几个概念：细胞是基本单位，组织是细胞群，器官是由组织构成的结构单位，系统是多个器官的总称。同时，它们又具有一定的内在联系：系统由器官构成，器官由组织构成，组织由细胞分化形成。这样，就可以从本质上把握以上几个概念，在理解的基础上加深记忆。又如，光合作用和呼吸作用可以从定义、进行场所、条件、原料、产物、实质、公式、意义、联系等方面进行比较，把握其区别和联系。

2. 生活习性　比较如五类脊椎动物的生活习性: 鱼类生活在水中，两栖类水陆两栖，爬行类陆生，鸟类空中飞翔，哺乳类陆生。比较后，不但可牢记各类群的生活习性，还可看出动物由水生到陆生的进化趋势，进一步理解各类群结构特点和生物体结构与生活方式相适应的特征。

3. 结构比较　主要比较各种生物结构的异同和特征。如菜豆和玉米种子的结构，通过比较，找出相同点：（1）都有种皮和胚；（2）都有供胚发育的营养物质；（3）胚都由胚芽、胚轴、胚根、子叶四部分组成。不同点:（1）子叶数目不同；（2）营养物质贮存地方不同。又如动物胚层、神经、体腔及昆虫触角、口器、翅的比较都属结构比较。

4. 功能比较　主要用于比较细胞、组织、器官、系统的功能，如植物的六大器官：根吸收水分和无机盐并有固定作用，茎有输导、支持作用，叶蒸腾水分并制造有机物，花、果实、种子具有繁殖功能。从比较可知，各器官是分工协作的统一整体。

5. 综合比较　这种比较项目多、内容广，多用于总结复习。如五类脊椎动物学完后，可从代表动物、生活习性、体表、运动、呼吸、循环、神经、体温、生殖发育等方面进行比较，以达到浓缩内容，提取精华，系统知识体系和比较记忆的目的。

四、不同方式比较教学分析

1. 列表比较法　这是一种最常用的比较方法，可对各生物类群从代表生物、生活习性、形态结构、生理、意义等方面进行比较，也可对生物的某些结构、生理功能等从不同方面进行比较。对各生物类群的比较既有利于比较记忆，又有助于理解生物由水生到陆生、由简单到复杂、由低等到高等的进化历程，对生物结构、现象的比较可使学习内容一目了然，利于记忆。例如“三类血细胞的比较”如下表：

种类	形态	大小	数量（万个 / 立方毫米）	产生	寿命	功能
红细胞	两面凹的圆饼状，无核	7.7 微米	男：500 女：420	红骨髓	120 天左右	运输氧气和部分二氧化碳
白细胞	形状不规则，有核	比红细胞大	0.5—1	红骨髓、脾、扁桃体	几小时至几年	吞噬人体内的病菌和异物
血小板	圆盘形、椭圆形，无核	很小	10—30	红骨髓	10 天左右	促进止血，加速凝血

2. 图示比较　也是一种常用的比较方法，常用于苔藓、蕨类、种子植物等生物类群的生活史比较及血液循环等内容的比较。这种比较可使杂乱无序的内容串通起来，使学生感到思路清晰，一目了然。如讲血液循环时，可把体循环、肺循环用下图表示，让学生清楚两种循环是一个相连的整体，又能明确每种循环的起点、途径、终点、各部位血液成分及血液发生变化的位置。

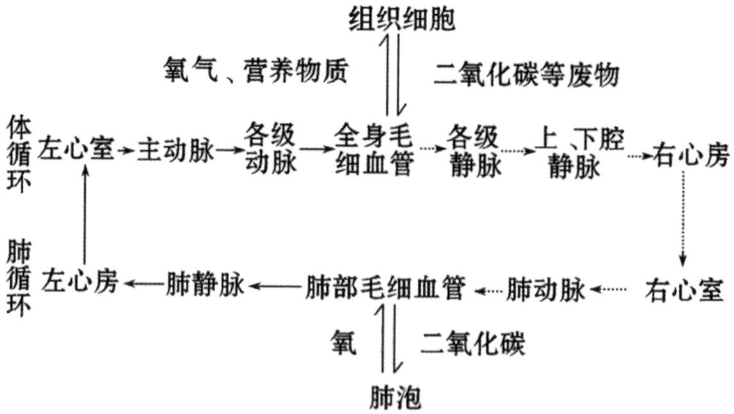

（实线表示动脉血，虚线表示静脉血。）

3. 绘图比较　主要用于一些生物结构的比较，如双子叶植物和单子叶植物种子、花、根、茎、叶的比较等。通过绘生物图比较，可使内容直观、生动。如在讲玉米和菜豆种子结构时，边讲解，边绘图，边对比，学生很容易总结出两者的联系和区别，且记忆深刻。

4. 实物标本比较　通过对实物或标本的比较，可使学生明确区分，牢固记忆，如互生叶序、对生叶序和轮生叶序，课本上是按每个节上着生叶的数目定义的，其着生位置到底怎样，很难讲清，如采集实物标本进行比较讲解，则可一目了然。

五、比较法应用效果调查与分析

为验证比较法教学应用的效果，我们对实验班和对照班同学以无记名问卷方式从以下几个方面作了调查分析。

1. 学生对不同内容和方式比较的反应

不同比较内容和方式教学效果调查表（表中数据为认可某种比较方法的人数）

年级 人数 概念 比较		不同内容比较					不同方式比较				自己动手比较	教师比较
		概念比较	结构比较	生活习性比较	功能比较	综合比较	列表比较	图示比较	绘图比较	实物标本比较		
初一 245人	人数	215	230	187	192	241	242	205	201	245	98	147
	%	87.75	93.88	76.33	78.38	98.37	98.78	83.67	82.04	100	40	60
初二 240人	人数	208	227	186	187	238	240	210	208	238	100	140
	%	86.67	94.58	77.50	77.92	99.17	100	87.50	86.67	99.17	41.67	58.33
初三 152人	人数	135	150	120	121	152	151	142	148	150	110	42
	%	88.82	98.68	78.95	79.61	100	99.34	93.42	97.37	98.68	72.37	27.63

从调查表可以看出：①学生普遍感兴趣的比较方法有结构比较、综合比较、列表比较、实物标本比较，人数都在 90% 以上。②随年级升高学生对比较法适应性增强，特别是对综合比较、图示比较和绘图比较非常认可，说明在教师指导下，随学生学习能力的提高，会逐步适应比较学习的方法。③受传统教法的影响，低年级学生对老师依赖性强，独立学习能力差，喜欢自己动手的只占 40%；高年级学生自己动手比较的能力有所增强，但也只有 72.37%，在教学过程中我们要注意对学生进行比较学习能力的培养。

2. 学生对比较教学的综合反应

比较法教学综合效果调查表（表中数据为认可某种比较法教学效果的人数）

学生反映	初一（245 人）		初二（240 人）		初三（152 人）		总计（637 人）	
	人数	%	人数	%	人数	%	人数	%
好，记得快，当堂记住 70% 以上内容	135	55.10	140	58.33	92	60.53	367	57.61
较好，利于理解和记忆，当堂记住 50% 以上内容	90	36.73	82	34.17	48	31.58	220	34.54
一般，与以往教学方法差不多	18	7.35	18	7.50	11	7.24	47	7.38
不好，不如其他教学方法	2	0.82	0	0	1	0.65	3	0.47

从调查表可以看出，绝大部分同学对比较法教学感兴趣，反应“好”和“较好”的占 92.15%，尤其是初三学生，随年龄增长、知识量增加及自学能力的提高，注重知识的比较学习与记忆，更喜欢老师使用比较法教学。

3. 实验班与对照班成绩比较

1994-1995 学年实验班与对照班成绩比较一览表

分数段	实验班								对照班							
	初一（60人）		初二（54人）		初三（50人）		总计（164人）		初一（61人）		初二（53人）		初三（51人）		总计（165人）	
	人数	%	人数	%	人数	%	人数	%	人数	%	人数	%	人数	%	人数	%
90 以上	12	20	11	20.37	11	22	34	20.73	3	4.91	3	5.66	2	3.92	8	4.85
80-90	25	41.6	24	44.44	25	50	74	45.12	23	37.70	21	39.62	10	19.61	54	32.73
60-80	21	35	16	29.63	13	26	50	30.49	24	39.34	23	43.40	30	58.82	77	46.67
60 以下	2	3.33	3	5.56	1	2	6	3.66	11	18.03	6	11.32	9	17.65	26	15.70
优秀率（%）	37	61.67	35	64.81	36	72	108	65.85	26	42.62	24	45.28	12	23.53	62	37.58
及格率（%）	58	96.67	51	94.44	49	98	158	96.34	50	81.97	47	88.68	42	82.35	139	84.24

从成绩对照可以看出，实验班各年级学生优秀率和及格率都远高于对照班，说明生物课运用比较法教学是可行的。

六、结 论

比较法是通过对比来确定事物之间异同点和关系的一种学习方法。中学生物学教材自始至终贯穿了适于比较法教学的内容，比较法在生物学教学中应用的潜力很大。

实践证明，生物课应用比较法教学有以下好处：（1）加深对知识的理解和记忆，提高学习效率。（2）学会比较学习的方法，培养学生的自学能力。（3）加强生物知识的横向或纵向联系，有利于学生认识生物由水生到陆生、由简单到复杂、由低等到高等的进化规律。（4）有利于大面积提高教学质量。

生物课应用比较法教学，要依据教学内容而定，不能搞一刀切。

要改变传统教学中学生对教师的依赖性，让学生动手动脑，培养学生独立学习的能力。

（原文刊载于《山东师大学报》1995 年第 10 卷第四期）

中学生物习惯养成教育研究

一、可行性分析

贯彻党的教育方针，全面实施素质教育是当前教育改革的重要任务，良好的生活和学习习惯是素质教育的重要内容。初中生物课的许多内容适于培养学生良好的学习和生活习惯，这种教育可避免空洞的说教，有理有据，令人信服，如引导得当，措施得力，一定会取得好的效果。同时，也为学校教育中习惯养成教育这一难题找到切入点。为此，学校专门成立了“中学生物课习惯养成教育”研究课题组，对生物课习惯养成教育的内容、方法、途径进行研究，以期为习惯养成教育提供可借鉴的经验。

二、实验方法与步骤

1. 对学生行为习惯进行调查，取得原始数据资料。

2. 确定实验年级、实验班和对照班。因初二开设的生理部分内容是习惯养成教育的主要理论根据，因此确定实验在初中二年级进行。实验班和对照班选取四个平行班，其中两个班作为实验班，另外两个班作为对照班。

3. 查找生物课适于习惯养成教育的内容。

4. 研究结合生物课对学生进行习惯养成教育的方法，并在教学中实施，实验周期为一学年。

5. 实验结束后，对实验班和对照班学生的行为习惯进行调查比较，分析实验效果。

6. 取得成功经验后，全面推广。

三、实验前学生行为习惯调查与分析

1. 调查班级及人数：初二 4 个班，共 296 人，其中男生 140 人，女生 156 人。

2. 调查时间：初二第一学期开学时。

3. 调查项目及结果。

<table>
<tr><th colspan="2">调查项目</th><th colspan="2">持肯定态度的人数</th><th>比例 %</th><th>备　注</th></tr>
<tr><td rowspan="4">体育锻炼</td><td rowspan="2">愿意参加体育课、课间操、足球、篮球等活动</td><td>男</td><td>111</td><td>79.28</td><td rowspan="4">很多学生不愿参加体育活动，存在怕累不愿吃苦等懒惰思想，平时能坚持锻炼的多凭兴趣（如足球），少数为参加比赛或升学，很少以健身为目的。</td></tr>
<tr><td>女</td><td>70</td><td>44.87</td></tr>
<tr><td>愿参加运动会、越野赛等</td><td colspan="2">72</td><td>24.32</td></tr>
<tr><td>平时能自觉坚持锻炼身体</td><td colspan="2">56</td><td>18.91</td></tr>
<tr><td colspan="2">经常刷牙</td><td colspan="2">150</td><td>50.76</td><td></td></tr>
<tr><td colspan="2">常洗澡、勤换衣</td><td colspan="2">198</td><td>66.89</td><td>女生多于男生，自己洗衣服者共 11 人，均为女生，只占 3.72%。</td></tr>
<tr><td colspan="2">正确的读书、写字姿势和习惯</td><td colspan="2">136</td><td>45.95</td><td>能完全正确地说出读书写字姿势和预防近视措施者仅有 56 人，占 18.92%，有趴着歪着学习习惯者较多。</td></tr>
<tr><td colspan="2">有吸烟饮酒经历</td><td colspan="2">28</td><td>9.46</td><td>知道吸烟饮酒有害者有 270 人，占 91.22%，但具体危害不清楚。吸烟饮酒的出发点多为好奇，男生多于女生。</td></tr>
<tr><td colspan="2">有随地吐痰习惯</td><td colspan="2">161</td><td>54.39</td><td>吐痰严重者 25 人，占 8.45%，大多数人知道吐痰不卫生，易传播疾病。</td></tr>
</table>

续表

乱扔纸屑、垃圾	172	58.11	不扔者主要受纪律约束，各班情况差距较大，从污染环境卫生角度考虑者较少。
了解青春期卫生知识	8	5.41	主要原因是没人介绍。
严格遵守作息制度	127	42.91	多由父母老师监督实现而非自发。
科学用脑，注意劳逸结合，适时变换学习内容	91	30.74	大部分人未曾考虑过。
偏食挑食	89	30.67	多凭个人兴趣选择食物。
用鼻呼吸	281	94.93	少数人有用口呼吸的习惯。

4. 调查结果分析：从以上调查结果可以看出，绝大部分学生学习和生活习惯不好，好的习惯多是在父母、老师影响下形成，而非自发，对良好生活习惯的意义和科学依据知之甚少，且普遍存在懒惰心理。因此，让学生从生理学角度搞清其科学依据，自觉养成良好习惯，是当务之急，势在必行。

四、生物课适于习惯养成教育的内容一览表

行为习惯	生物教材中的相关内容（人教版初中生物第二册）
自觉锻炼身体	加强皮肤锻炼；体育锻炼对骨、关节、骨骼肌的影响；心脏的锻炼与保健；体育锻炼和体力劳动对呼吸系统和神经系统的影响。
保护牙齿	口腔。
体表清洁卫生	保持皮肤清洁。
正确的书写姿势与习惯	眼的卫生保健。
不吸烟、饮酒	心脏保健；吸烟吸毒的危害；吸烟饮酒对神经系统的有害影响。
不随地吐痰	吐痰的主要危害。
保持环境清洁卫生	保护环境中空气的新鲜清洁；环境污染。

续表

青春期卫生知识	青春期卫生。
遵守作息制度	注意休息和睡眠，合理安排作息制度。
科学用脑	注意科学用脑。
偏食、挑食和饮食卫生	培养良好的饮食习惯，预防食物中毒。
呼吸	要用鼻呼吸。

五、中学生物课进行习惯养成教育的方法

生物教材主要从理论上介绍养成良好生活、学习习惯的依据，但具体怎样做基本未涉及，在教学中要向学生讲清应养成哪些习惯，引导学生制订计划和实施，并取得班主任的支持，以保证习惯养成教育落实到位。

1. 引导学生坚持体育锻炼。针对体育锻炼中学生不愿吃苦受累的消极心理，首先，结合教材举出实例讲清体育锻炼对人体各器官的巨大影响，特别是对青少年身体生长发育的影响，以强化锻炼的内在动力；同时提出“锻炼意志，持之以恒，相互监督，养成习惯”的十六字方针，把坚持晨跑、走着上下学形成习惯，珍惜锻炼身体的每一个机会，积极投入地参加课间操、运动会、体育课等活动。

2. 开展习惯养成评比竞赛。结合实验班班主任，教室内开设评比专栏，对读书写字姿势、随地吐痰、乱扔纸屑等习惯进行检查评比，定期总结，表扬先进，督促后进。

3. 和家长沟通。给实验班的每个学生家长发通知，对洗澡、洗衣、刷牙、遵守作息制度、偏食、挑食等情况进行监督，并填写记录表，反馈给班主任。

4. 开展咨询。在青春期卫生内容学完后，让每个学生对照自己身体发育的情况及心理上存在的问题，提出咨询，生物教师负责解答，从而引导学生正确对待青春期生理、心理上发生的变化，搞好青春期的生理、心理

卫生，树立远大理想，把精力集中到学习上。

5. 结合科学用脑，指导学习方法。神经系统学完后，让学生结合学习实践中的体会，总结正确、高效的学习方法。

六、实验效果调查与分析

调查项目 人数		实验前 （4个班296人）		实验班 （2个班145人）		对照班 （2个班151人）	
		人数	比例（%）	人数	比例（%）	人数	比例（%）
体育锻炼	愿上体育课参加课间操足球等活动	181	61.15	145人	100	138	91.39
	愿参加运动会越野赛等	72	24.32	130人	89.66	68	45.03
	平时自觉锻炼身体	56	18.91	123人	84.83	56	37.09
经常刷牙		150	50.67	145人	100	123	81.46
常洗澡、勤换衣		198	66.89	145人	100	142	94.04
经常保持正确的读书写字姿势和习惯		136	45.95	143人	98.62	101	66.89
吸烟饮酒		28	9.46	0	0	2	1.33
随地吐痰		161	54.39	1人	0.69	33	21.85
乱扔垃圾纸屑		172	58.11	3人	2.07	31	20.53
严格遵守作息制度		127	42.91	143人	98.62	98	64.90
知道青春期卫生知识		8	5.41	144人	99.31	123	81.46
科学用脑		91	30.74	140人	96.55	112	74.17
偏食、挑食		89	30.67	0	0	10	6.62
用鼻呼吸		281	94.93	145人	100	149	98.68

从上表可以看出，初二生理课开设后，学生的生活学习习惯都有所转变，但实验班学生的转变更明显。这说明结合生物课进行习惯养成教育是

可行的，同时也说明只有以科学理论为基础的教育才能转变成学生的自觉行为，加以必要的引导和监督，就可以养成良好的行为习惯，并使学生的意志力得到锻炼。因此，建议中学生物课习惯养成教育在全校乃至更大范围内推广。

（原文刊载于《中小学教育研究》2000 年第五期）

“探究小鼠的学习行为”实验设计

科学探究是中学生物学学科核心素养之一 。设计探究实验是培养学生科学探究能力的重要途径，也是初中生物学教学的重点和难点之一 。通过设计探究实验，让学生掌握探究实验的设计方法，学会结合具体问题情境设计探究方案，可以让学生更好地理解科学探究，形成科学探究的能力。下面以“探究小鼠的学习行为”为例，从 3 个角度来举例说明。

一、探究小鼠走迷宫获取食物的学习行为

1. 目的　通过观察动物“尝试与错误”形成一种新行为的过程，培养学生设计探究实验和实验操作的技能；通过实验强化学生对学习行为概念的理解，体会学习行为对动物生存的重要意义及对学习引发的启示；通过实验过程中的提示，培养学生保护动物的意识。

2. 原理　小鼠属于哺乳动物，学习能力较强，经过几次“尝试与错误”的训练，能够形成走迷宫获取食物的学习行为。

3. 材料　每组 1 只小鼠、1 个迷宫（可以自制或到宠物市场购买）、1 份鼠粮 (玉米渣、花生、葵瓜子等)、钟表 1 块、鼠笼 1—2 个、实验指导每位学生 1 份。

4. 教学准备　完成实验指导中“探究前测”的有关 内容 (2min)：

①学习行为是在____________的基础上，通过环境因素的作用，由______和______而获得的行为；②动物的学习行为可以让它们更好地适应______的变化，一般来说，动物越高等，学习能力越______，学习

行为越______，在学习时“尝试与错误”的次数越______，动物的年龄越______，越容易表现出学习的过程；③研究动物行为的方法，主要有______和______，以及这两种方法的结合。

教师播放“小狗绕道取食”的视频引入新课。学生观看后知道小狗是在通过几次“尝试与错误”后，才学会绕道取食的。小鼠是不是也可以通过“尝试与错误”学会走迷宫而获取食物呢？用视频创设情境，理解小狗通过几次“尝试与错误”后，学会了绕道取食。同属于哺乳动物的小鼠是否也具有这样的学习行为呢？这样，可以激发学生的探究兴趣。

5. 教学实施　探究小鼠走迷宫获取食物的学习行为。

（1）提出问题　提出问题要基于实验探究的目的，提出的问题表述可以有所不同，但一般要包括自变量和因变量，句式必须是疑问句。例如，小白鼠经过多次“尝试与错误”，可以形成走迷宫获取食物的学习行为吗？

（2）作出假设　假设一般包括自变量和因变量，句式一般是陈述句。作出的假设要尽可能与预设的实验结果相一致。例如，小白鼠需经几次“尝试与错误”，可以形成走迷宫获取食物的学习行为。

（3）实施过程　①在迷宫入口处放进小鼠，同时马上计时，并在有鼠食处等待，看小鼠在2min内能否穿过迷宫找到食物；②如果在2min内，小鼠不能自行穿过迷宫找到食物，就需要进行适当的引导，让小鼠找到食物；③重复上述实验5—7次，根据实验的情况，把小鼠在每一个2min内是否顺利找到食物的情况填在记录表中，看一下小鼠是经过几次“尝试与错误”后，才顺利找到食物的，组长把本组的实验结果写到黑板表格中；④实验过程中对小鼠要轻拿轻放，实验结束后放回鼠笼。

（4）讨论交流，得出结论　需讨论交流的问题印发在实验指导上，学生做完后，请学生代表回答，教师点拨。讨论的问题如下：①简要描述小鼠走迷宫获取食物的学习行为是如何建立的？②不同小鼠“尝试与错误”的次数一样吗？如果不一样说明了什么？③你对家养的小动物进行过训练吗？它们的哪些行为是学习行为？这些行为对它们的生存有何意义？④这项探究活动对你自己的学习有什么启发？实验结果是指通过探究实验观察到了什么现象？测出了什么数据，变化的趋势是怎样的？一般用在某种处理方式下，因变量的检测指标发生了某种变化来表述。实验结果：小鼠需经几次（取各组实验结果的平均值）“尝试与错误”可以形成走迷宫获取食物的行为？实验结论是对探究问题的最终确定性回答，实验结论回应的是实验探究的目的[1]。实验结论：小鼠经过多次“尝试与错误”可形成走迷宫获取食物的学习行为。

6. 课后作业　①将实验指导整理好后交给课代表；②实验前观看视频中小狗在第一次绕道取食后，以后会直接绕道取食，还是再经过“尝试与错误”才吃到食物？请家里有小狗的学生观察一下，将结果记录与其他学生共享（选做）；③观察常见动物的一种学习行为，并做观察记录。

二、探究小鼠探寻物质气味的学习行为

材料：每组 1 只小鼠、5 块石块，标有 A、B、C、B'、C' 的纸片，浅口大瓷盘或塑料托盘 1 个，香油少量，清水，连接石块间的硬纸板或木板 2 条 (15cm × 3cm)，鼠笼 1—2 个，实验指导每人 1 份。

教学准备：完成实验指导中“复习回顾”的有关内容，学生举手回答，其他学生或教师补充完善：①什么是动物的学习行为？②动物的学习行为对于动物本身有何意义？③不同动物的学习行为一样吗？如果不一样，有什么规律？通过复习回顾，巩固有关学习行为的知识，理解学习行为的概念、意义和规律，为本探究实验的实施做好铺垫。

教学实施：探究小鼠探寻物质气味的学习行为。

（1）提出问题　本探究实验的问题：小鼠经过多次“学习”后，可以形成探寻物质气味的学习行为吗?

（2）作出假设　本探究实验的假设：小鼠经过几次“学习”可以形成探寻物质气味的学习行为。

（3）实施过程　①在 B 岛上滴一滴香油，在 C 岛上滴一滴清水；②将一只小鼠放在 A 岛上，小鼠会很快地爬到有香油的 B 岛上，而不会爬到滴清水的 C 岛上；③将 B 岛和 C 岛换成没有香油和清水的石块 B' 和 C'，将同一只小鼠放在 A 岛上，记录它爬到 B' 岛和 C' 岛的情况；④将②和③实验重复 5—7 次。找出小鼠连续 2 次直接爬到没有香油的 B' 岛上需要学习的次数[2]；⑤将每组小鼠连续 2 次直接爬到没有香油的 B' 岛上学习的次数，填入黑板上的表格中，求出各组的平均值。

（4）讨论交流，得出结论　讨论交流的问题印发在实验指导上，问题：①小鼠为什么会直接爬到 B 岛上，而不是爬到 C 岛上？②为什么将小鼠连续 2 次直接爬到没有香油的 B' 岛上需要“学习”的次数，来作为学习行为形成需要尝试的次数？③实验结果为什么要取各组的平均值？④当一个班的实验结束后，原来实验用的小鼠还可以继续使用吗？为什么？

实验结果：小鼠需经几次“学习”(各组平均值)，可以形成探寻物质气味的学习行为。

实验结论：小鼠经过多次的“学习”，可以形成探寻物质气味的学习行为。

课后作业：① 将实验指导整理后交给课代表；②观察动物一种学习行为，并做记录(选做)。

本节课后作业设计了一个动物学习行为的观察作业，作业选做，可以进一步激发学生探究动物行为的兴趣，培养学生的观察能力，深化对动物学习行为的理解。

三、探究小鼠探寻温暖环境的学习行为

材料　每组 1 只小鼠、3 个方形小纸盒、1 把剪刀、1 个暖宝、1 块冰块、1 块钟表、鼠笼 1—2 个，每位学生 1 份学案。

教学准备　完成实验指导中“复习回顾”的有关内容，学生举手回答，其他学生补充，教师点拨：①什么是先天性行为和学习行为？②先天性行为和学习行为对动物分别有何意义？③说出研究动物行为的一般方法，为本探究实验的实施做好铺垫。

教学实施　探究小鼠探寻温暖环境的学习行为。

（1）提出问题　本探究实验的问题是：小鼠经过多次“尝试与错误”，可以形成探寻温暖环境的学习行为吗？

（2）作出假设　本探究实验的假设是：小鼠经过多次“尝试与错误”可以形成探寻温暖环境的学习行为。

（3）实施过程　①将 3 个方形小纸盒 A、B、C 等距离摆放，洞口朝外，每个盒子间隔约 15cm，并都与最初放小鼠的位置等距离；② A 纸盒中不作处理，使其处于常温状态；B 纸盒中放上冰块，使其处于低温状态；C 纸盒中放上提前 10min 打开的“暖宝”，使其处于温暖的状态；③将小鼠放在实验台外侧，距 A、B、C 纸盒都是 30cm 的地方，观察小鼠进入纸盒的情况并计时，如果 2min 内小鼠不能找到纸盒 C 并进入，则人为引导小鼠进入纸盒 C；④重复上述实验 5—7 次，根据实验的情况，把小鼠在每一个 2min 内能否顺利找到温暖纸盒的情况填在表中，看一下小鼠经过了几次“尝试与错误”后，能够顺利地找到了温暖的纸盒，组长把本组的实验结果写到黑板表格中；⑤实验过程中对小鼠要轻拿轻放，实验结束后放回鼠笼。

（4）讨论交流，得出结论　讨论的问题印在实验指导上，学生做完后，请代表回答，教师点拨。讨论问题：①本实验的变量是什么？哪一组是对照组？②为什么一开始小鼠进入3个纸盒的机会是随机的？③为什么经过几次“尝试与错误”后，小鼠可以直接爬向温暖的纸盒？实验结果：小鼠需经几次（各组平均值）“尝试和错误”后，可以形成探寻温暖环境的学习行为？实验结论：小鼠经过多次“尝试与错误”后，可以形成探寻温暖环境的学习行为。

课后作业：①学生将实验指导整理好后交给课代表；②探究动物的一种学习行为，并写出探究过程（选做）。

参考文献

[1] 李银乐，孟宪萍，张蕾 . 初中生物学“科学探究”主题的中考备考策略研究 [J]. 理科考试研究，2021，28(16)：61−63.

[2] 周玲玲，吴孝良 .“蚂蚁的通讯”实验改进与课堂生成设计 [J]. 生物学教学，2021，46(8)：43−44.

（原文刊载于《生物学教学》2022 年第四期）

生物魅力课程体系构建的探索与实践

——以北京实验学校初中生物学科为例

当前我国在中小学实施的是国家、地方、校本三级课程体系。由于我国幅员辽阔，地域差别很大，学情千差万别，教学资源各不相同，学校在课程实施的过程中需要将国家课程校本化，与地方课程和校本课程一起构建起适合地域特点和学情、具有学校特色的各学科魅力课程体系，真正构建起适合学生学习的学科课程。下面就以北京实验学校初中生物学科为例探讨生物魅力课程体系的构建问题。

一、课程体系结构

北京实验学校初中生物魅力课程体系包括国家课程的校本化、校本课程和综合实践课程三部分。国家课程的内容即《义务教育生物学课程标准》，重点是国家课程的校本化实施；校本课程包括小初衔接课程《科学》《生物小制作》《生物趣味实验》《发酵食品制作》《中考生物复习备考课程》5 部分；生物综合实践课程包括开放性科学实践活动、植物栽培实践活动、学农主题实践活动、参观自然博物馆、参观中国科技馆、研学主题实践活动、假期自主实践课程等 7 部分（图 1）。

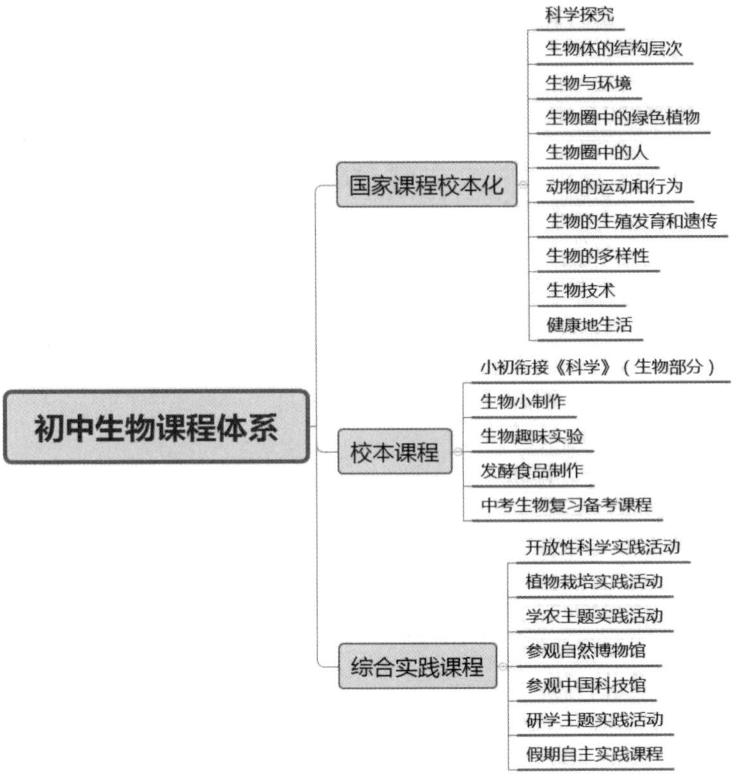

校本课程体系结构

二、课程体系设置

具体设置如下表。

北京实验学校初中生物魅力课程体系

年级	学期	国家课程校本化实施	校本课程	综合实践课程
初一年级	第一学期	生物与环境	小初衔接《科学》	参观自然博物馆
		科学探究		假期实践
		生物体的结构层次		开放性科学实践
		生物圈中的绿色植物		植物栽培

续表

<table>
<tr><td rowspan="4">初一年级</td><td rowspan="4">第二学期</td><td rowspan="4">生物圈中的人</td><td rowspan="4">生物小制作</td><td>学农主题实践</td></tr>
<tr><td>假期实践</td></tr>
<tr><td>研学主题实践</td></tr>
<tr><td>开放性科学实践</td></tr>
<tr><td rowspan="5">初二年级</td><td rowspan="2">第一学期</td><td>生物的多样性</td><td rowspan="2">生物趣味实验</td><td>假期实践</td></tr>
<tr><td>动物的运动和行为</td><td>开放性科学实践</td></tr>
<tr><td rowspan="3">第二学期</td><td>生物的生殖、发育和遗传</td><td rowspan="3">发酵食品制作</td><td>假期实践</td></tr>
<tr><td>生物技术</td><td>开放性科学实践</td></tr>
<tr><td>健康地生活</td><td>研学主题实践</td></tr>
<tr><td colspan="2">初三年级</td><td>中考生物复习备考课程（对选考生物学生开设）</td><td>无</td><td>参观中国科技馆</td></tr>
</table>

三、国家课程的校本化实施

国家课程的具体形态是指国家课程标准、围绕国家课程标准编写的教材及课程计划。笔者认为，国家课程的校本化实施就是根据校情和学情对国家课程的内容进行校本化改造，转变成适合学生学习的教学材料。国家课程校本化的过程一般包括 6 个方面：（1）将教育部和各省市课程计划根据本校师资和教学资源等实际情况，转变成能够上课实施的具体课程。（2）教学内容的本土化处理。如根据地域特点更换代表动植物。（3）根据学生学习基础和认知特点对教学内容进行取舍、增减和调整。（4）对教材的问题化处理。教材的编写是陈述式的，进行问题化处理更有利于学生自主学习，明确要解决的问题，实现学习的任务驱动。（5）教学的生活化或者说教学的拓展应用。教材提供的仅是学生学习的基本材料，学生在学习过程中老师要引导学生结合自己的生活认知和当地生产实际及社会热点进行拓展应用，即结合生产生活实际解决实际问题，如灌溉、施肥、光合作用的利用、血压测量、近视预防、禽流感等。（6）整合教学资源，对教材、学案、课件、录像、实验材料、模型标本等进行统筹整合，预设出课堂实施的最佳学习流程，实际上这就是备课的过程。

国家课程的校本化实施一般通过设计教案、导学案或课件 3 种形式来体现。（1）设计教案是对整个教学流程环节和师生活动的设计。教案是在以教为主的教学思想指导下，国家课程校本化实施的主要方式，一般包括课题、教学目标、教学重点、教学难点、教学用具、教学过程（教学环节、教师活动、学生活动、设计意图等）、作业布置、板书设计、课后反思等内容。（2）在以学为主的教学思想指导下，催生了以导学案为主的国家课程校本化实施方式。导学案是引导学生自主、探究、合作学习的方案。重点要解决学生学什么、怎么学和学得如何的问题。导学案的设计过程，也是根据学情和学生认知规律对教材进行改造的过程，将教材系统转化为适合学情的教学系统，成为通俗、易懂、具体的学习材料，便于学生有效地开展自主探究与合作学习[1]。在解决学生学什么时，一要摸透学情，便于根据学情设计教学；二要吃透课标和教材，为导学案设计及重难点突破找到支点；三要明确学习目标，确定学习方向。在解决学生如何学时，一要对教学内容进行问题化设计；二要根据学习内容，设计具体有效的学法指导。在解决学生学得如何时，一要看学生是否构建起了本节课的知识体系；二要看反馈检测的情况；三要看本节知识学生是否学会了应用。（3）在当前信息技术条件下，课件是常用的国家课程校本化实施方式。通过课件可以预设整堂课的学习环节和流程，可以进行精彩引入，可以直观显示自学的问题、要求、材料，通过动画、视频等很容易突破学习的重难点。

以上 3 种国家课程校本化实施方式，各有优势，需要相互配合，才能取得最佳学习效果。如教师主导作用、师生活动设计和课堂生成的预设需要通过备课来进行；问题化设计、当堂训练和学法指导通过导学案更容易实现；重难点的突破通过直观、生动的课件效果会更好。

四、初中生物校本课程举例

不同学校的师资和校本课程资源是不同的，生物校本课程必须根据各校的实际开发和开设，下面简要介绍北京实验学校开设的初中生物校本课程。

小初衔接《科学》是根据该校幼、小、初、高一体化的优势开发编写的校本课程。内容涉及小学科学、初中生物、物理、化学，主要为了实现小初科学课程的衔接，在初一年级上学期开设，涉及生物的有种子发芽、生态瓶观察、蚕的一生、植物吐水的秘密等。“生物小制作”是胡春英老师在开设三年校本课程的基础上，逐渐积累总结而成的，全部利用生活中的简易材料，让学生制作生物的结构模型，既加深了学生对生物结构的理解，又提高了学习生物的兴趣，包括动植物细胞模型、染色体结构模型、肾单位模型的制作等 15 个。“生物趣味实验”是张蕾老师开设的，包括 DNA 的粗提取、动植物琥珀标本的制备、叶脉书签的制作等，具有很强的科学性和趣味性。“发酵食品的制作”是生物组老师经过多年实验总结开发的，包括制作酸奶、果酒、腐乳、面包等的制作，与生活联系密切，深受学生欢迎。

北京市从 2018 届毕业生开始，将生物与化学合并为一科，纳入中考选考科目。因此，“中考生物复习备考课程”在面对选考学生开设的基础上，于 2018 年暑假整理编写校本教材（注：该校本课程在北京市将生物学业考试调整为初二学年末进行后，改在初二学年末开设）。

五、初中生物综合实践活动课程举例

开放性科学实践活动是北京市地方课程，因为具有综合实践的特征，且学生可以根据情况自由选择，故列入综合实践活动课程。该课程是从北京市教委审定的资源单位中，由学生自主选择，利用周末到资源单位自主完成，初一、初二每学期 5 次，完成后即可记入在中考中，占 10% 的学科实践活动分数，这类课程调动了大学、科研院所等社会资源，课程内容非常丰富，如“指纹识别探秘”“水火烫伤紫草膏”“雾霾中的微生物”等，对于开阔学生视野、提高学生动手操作和社会实践能力起到了重要作用。

植物栽培实践课程是北京市学生管理中心等单位联合组织的，目的是通过孩子们亲自动手栽培植物，让成长在大城市的孩子完整了解植物生长的全过程，学会播种、施肥、松土、浇水等植物养护管理，养成热爱劳动的优良品质，培养细心、耐心、持之以恒的良好品格，促进学生动手实践能力和综合素质的全面提高。这项活动本校已连续 3 年组织参加，均取得优异成绩，连年获得优秀组织奖，获奖数量居海淀区前列。

学农主题实践课程是本校与校外资源单位联合开发的，现有北京谷峪缘和安徽省黄山市两个学农基地。其目的主要是让学生亲自参与体验农业生产活动，了解农作物的生产过程，掌握农业生产相关知识，体验劳动的收获和喜悦，培养学生吃苦耐劳的精神。内容包括翻土、施肥、播种、插秧、浇水等，也包括采茶、挖笋等农事活动，还穿插有扦插、嫁接等农作物和花卉无性繁殖技术，通过昆虫趋光性诱杀害虫，通过生态平衡原理散养家禽等，让学生在体验学农的同时，认识多种农作物，收到了很好的效果。

北京自然博物馆是北京市中学特有的生物实践教学资源，共有 10 个展厅，分别是人之由来、无脊椎动物的繁荣、植物世界、恐龙公园、古哺乳动物、古爬行动物、神奇的非洲、探索角、动物—人类的朋友、走进人体。一般安排在初一第一学期进行，参观学案的内容有：写出 5 种不同生物的分类科属和特征习性、通过小组集体观察研究归纳你最感兴趣的一个展馆的基本情况、请你为你的朋友推荐一个展馆，并写出推荐理由等。

中国科技馆也是本校每届学生必须参观的场馆，涉及到物理、化学和生物 3 个学科，一般放到初三年级进行。与生物有关的展厅主要有挑战与未来展厅中的地球述说和基因生命、科技与生活展厅中的衣食之本和健康之路、探索与发现展厅中的生命之秘。参观前设计参观记录单，并在参观后进行参观成果展览，以固化参观成果。

研学主题实践课程是近年来本校与校外资源单位联合研发的主题综合实践活动课程。包括成都主题研学、湖南凤凰寻根之旅、山东曲阜泰安研学、西安传统文化研学等。以成都主题研学为例，其内容涵盖了语文中的古诗词（杜甫草堂），地理中的都江堰水利工程和郫县安龙村河流水系在当地农业灌溉中的作用考察，物理中的水力发电，历史中的三星堆遗址、三国历史（武侯祠），生物中的濒危物种保护（大熊猫繁育基地考察）、人工湿地水污染处理系统考察、生态农业和沼气制备，化学中的水质检测，传统文化中的蜀风雅韵表演、画川剧脸谱、巴蜀茶文化体验等。该课程不仅设计了学案，还在游学过程中穿插了知识竞答、收获展示等，是一次非常好的多学科整合主题项目实践课程。这项课程安排在期末考试结束后，同学们既得到了放松休息，又能在实践中学习到课堂上体验不到的实践知识，还可以学会合作、自理和独立解决问题，是一项名副其实的成长之旅课程。

《义务教育生物课程标准》课程总目标要求：初步具有生物学实验操作的基本技能、一定的科学探究和实践能力，养成科学思维的习惯。《北京市初中科学类学科教学改进意见》明确提出："有效加强课堂教学与社会实践的联系""丰富作业形式、增强作业趣味性，兼顾书面作业与实践类作业，为学生提供作业内容和形式的自主选择机会"。为此，本校系统梳理了适合假期进行的实践、实验和考察类作业，开发了"初中生物假期实践活动课程"，如设计旅行小药箱、参观动物园尝试给常见动物进行分类、制作孢子印等。课程按照阅读材料、发现探索、活动导航（活动目的、材料用具、活动方式等）、活动任务单、讨论与交流、收获与感受等栏目编写，按照寒假三选二，暑假六选四的要求进行安排，在2017年寒假使用过程中，收到良好效果，现已立项编写校本教材。

实践证明，在学校层面构建完善的生物魅力课程体系，才能真正落实课程标准，为学生适应社会生活和未来发展奠定坚实的生物学基础，真正达到培养学生核心素养的目标。北京实验学校初中生物魅力课程体系建构只是刚刚起步，还需要进一步完善和提升。可以相信，有我国生物教学界广大同仁的不懈努力，全国各地、各校的生物魅力课程体系建构工作，一定会从无到有，从有到优，使基础教育生物教学质量达到一个新的高度！

参考文献

[1] 中华人民共和国教育部．义务教育生物课程标准（2011年版）[M]. 北京：北京师范大学出版社。

（原文刊载于《中学生物教学》2017年第十一期）

初中生物假期实践活动课程的校本探索

《教育部关于全面深化课程改革 落实立德树人根本任务的意见》（教基二〔2014〕4号）明确指出：“强化教学的实践育人功能，确保实践活动占有一定课时或学分。”《义务教育生物学课程标准》（2011年版）提出：“倡导探究性学习，力图改变学生的学习方式，帮助学生领悟科学的本质，引导学生主动参与、勤于动手、积极思考，逐步培养学生收集和处理科学信息的能力、获取新知识的能力、分析和解决问题的能力，以及交流与合作的能力等，突出创新精神和实践能力的培养。”在具体内容实施上，课程标准也给出了很多参观、实践、探究、调查、小实验等活动的建议。

基于立德树人的教育目标和落实课程标准的要求，以及初中生物教学实践中参观调查、小实验和实践活动难以落实的实际情况。2014年，北京实验学校曾军良校长提出了将假期作业改为预习性、实践性作业的建议。

在此背景下，初中生物组进行了初中生物假期实践活动课的校本探索，达成了以下几点共识。设计生物小实验和实践性作业，让学生假期真正动起来。知识只是载体，在知识学习过程中形成的思维方式和学习方法，以及在实践操作中获得的学习体验、实践能力，才更有利于学生生物核心素养的培养。为此，学校在假期生物作业中，设计了制作肌肉牵动骨运动的模型、观察种子萌发等实践性作业，让学生在实践中体会生物知识；设计午餐食谱等生活性作业，让学生体会学以致用；《中国学生发展核心素养》中有这样的描述：能正确认识和理解学习的价值，具有积极的学习态度和浓厚的学习兴趣。为此，学校在假期作业的设计中特别重视作业的生活性和趣味性。如制作孢子印等生活中的小实验，这些联系生活的作业对于激发学生学习的原动力起到了积极作用；设计参观调查性作业，如参观北京动物园、北京自然博物馆等，让学生在参观感受中拓宽视野。

在多年实践的基础上，初中生物组编写了《初中生物假期实践课程》，课程主要以培养核心素养为设计假期作业的原则，对初一、初二年级 4 个假期的生物作业进行改革。即不再布置习题型、重复训练型作业，而是结合初中生物课学习的需要及北京市海淀区的生物学习资源和季节特点，编写出相应的假期实践活动课程，供学生们假期完成。

《初中生物假期实践课程》共分初一暑假实践活动、初一寒假实践活动、初二暑假实践活动和初二寒假实践活动 4 个篇章。其中，暑假实践活动每年级 6 个，可以根据家庭条件和周边资源情况选择其中 4 个完成；寒假实践活动 3 个，可以根据家庭条件和周边资源情况选择其中 2 个完成。根据实践活动前置的原则，每个假期的实践活动主要从新学期的相关内容中选取，选取目录如下：

第一篇：初一暑假实践活动

实践活动一：调查我们身边的绿色植物

实践活动二：探究种子萌发的环境条件

实践活动三：探究植物的蒸腾作用

实践活动四：探究叶片是用哪一面进行呼吸的

实践活动五：设计午餐食谱

实践活动六：参观动物园

第二篇：初一寒假实践活动

实践活动一：利用废纸制作再生纸

实践活动二：探究不同环境中空气污染情况

实践活动三：拟定当地生态环境保护计划

第三篇：初二暑假实践活动

实践活动一：制作肌肉牵动骨运动的模型

实践活动二：探究蚂蚁的通讯

实践活动三：探究一种昆虫是否具有趋光性

实践活动四：制作孢子印

实践活动五：观察发酵现象

实践活动六：制作米酒

第四篇：初二寒假实践活动

实践活动一：设计实验证明鸡卵壳上有很多气孔

实践活动二：参观古生物馆

实践活动三：设计旅行小药箱

为了对学生实践活动进行具体有针对性的全面指导，保证学生生物假期实践活动的顺利进行，每个生物实践活动课程分【阅读材料】【发现探索】【活动导航】【活动任务单】【讨论与交流】【收获与感受】6个版块编写。阅读材料主要介绍与实践课程相关的生物学知识；发现探索主要从生产生活的角度提出与该实践课程相关的问题，激发学生兴趣；活动导航分为活动目的、材料用具、适合场所、活动方式、活动过程等方面，对活动的开展进行具体的指导；活动任务单主要让学生以文字、照片或作品的方式呈现实践活动成果；讨论交流主要提出活动中可能遇到的一些问题，写出解决方案；收获与感受主要是学生进行实践活动课程的收获和体会。

为了方便使用，《初中生物假期实践课程》初一暑假、初一寒假、初二暑假和初二寒假4个学期，分别独立成册印刷，每年使用前将根据前一年的使用情况和反馈意见进行调整，以更好地满足学生使用的需要。

初中生物假期实践课程经过两个周期的使用，一方面减轻了初中生物课堂教学的压力，小实验和实践活动的前置，也给新学期的生物教学做了很好的铺垫；更为重要的是在假期中培养了学生生物学习的兴趣、动手实践能力及对生物学知识的理解等，真正提高了学生的生物学科素养，受到了学生和家长的热烈欢迎和高度认可，走出了一条切实可行的初中生物实践活动校本化实施之路。

参考文献

中华人民共和国教育部．义务教育生物学课程标准（2011 年版）[M]. 北京：北京师范大学出版社，2012.

附件

假期实践活动课程案例《制作肌肉牵动骨运动的模型》

【阅读材料】

我们经常会做各种动作。你知道这些动作是怎么产生的吗？骨骼、肌肉又分别扮演着什么角色？有些问题单凭观察是难以得出结论的。这就需要我们通过实验来探究。实验当然也离不开观察，但与单纯的观察不同的是，实验是在人为控制研究对象的条件下进行的观察。在难以直接拿研究对象做实验时，有时就用模型来做实验，即模仿实验对象制作模型，或者模仿实验的某些条件进行实验，这样的实验叫作模拟实验。模拟实验是科学实验的一种基本类型，可以对生物体的内部结构，运动变化过程进行模拟。

【发现探索】

我们经常要做出各种动作，你知道它是如何产生的吗？

【活动导航】

活动目的：1. 制作肌肉牵动骨运动的模型，了解人体运动的原理。

2. 认同结构与功能相适应的观点。

材料用具：硬纸板、图钉、剪刀、橡皮筋等。

适合场所：家中。

活动方式：在家中，选择你喜欢的硬纸板，模拟制作人体的上肢结构。拉动代表肌肉的结构，看看“手臂”发生什么变化。

活动过程

1. 参照下图，用硬纸板剪出“上臂骨”和“前臂骨”。

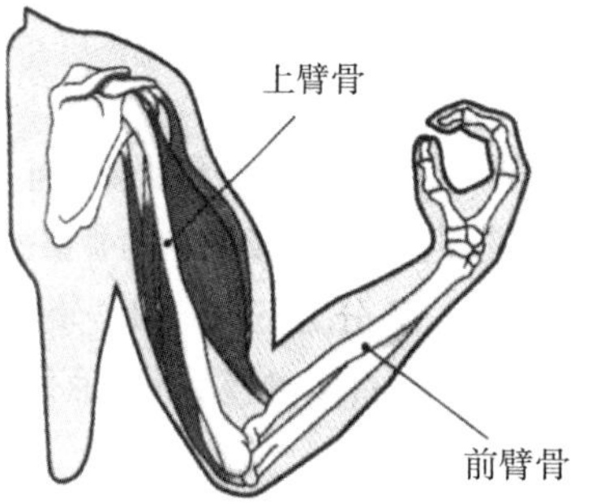

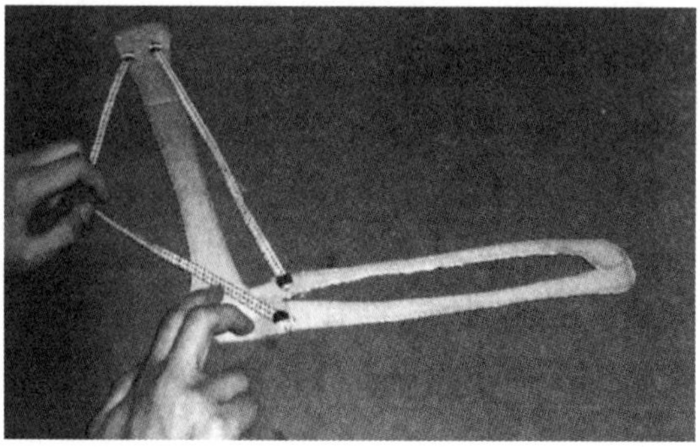

2. 用图钉将“上臂骨”和“前臂骨”连接，用橡皮筋代表“骨骼肌”，再用图钉将“骨骼肌”连接固定在“上臂骨”和“前臂骨”上，制作完成后如上图所示。注意，用橡皮筋代表“骨骼肌”时，橡皮筋的长短要合适，以使橡皮筋代表的“骨骼肌”能拉动骨绕关节转动。

3. 捏住代表“肱二头肌”的橡皮筋，轻轻拉动，观察前臂骨位置的变化。

4. 再慢慢放开橡皮筋，但不要使前臂骨位置完全复原。捏住代表“肱三头肌”的橡皮筋，轻轻拉动，观察现象。

结果：“肱二头肌”和“肱三头肌”协调配合，可以完成屈肘和伸肘的动作，表明肌肉的收缩能牵拉骨绕着关节运动。

【活动任务单】（以文字、照片或作品方式呈现）

如果是照片形式可以将照片打印出来（或者彩绘）粘贴在相应的位置；

不清楚的可以查阅相关书籍、网络或请教老师及有关人员。

【讨论与交流】

1. 屈肘时哪些肌群舒张，哪些肌群收缩？

2. 伸肘时哪些肌群舒张，哪些肌群收缩？

【我的收获与感受】

学生实践活动作品举例：

发酵现象： 在一杯温开水中，加入一大勺糖及一小包酵母，搅拌均匀后，倒入透明的矿泉水瓶中，再往瓶内加一些温开水。将一个小气球挤瘪后套在瓶口上，将瓶子放在窗台上每天观察，瓶中液体会因酵母菌进行有氧呼吸，逐渐产生二氧化碳而冒出气泡，气球不断胀大。

发酵现象

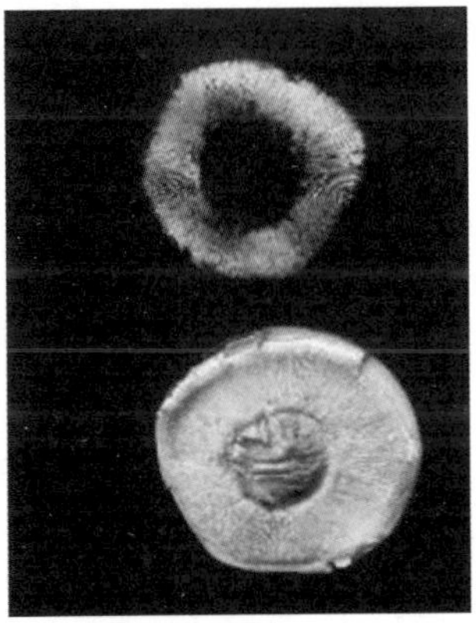

孢子印

孢子印：选取常见的新鲜蘑菇将菌盖从菌柄上取下来。把菌褶那面朝下平放在白纸上，为了避免散落的孢子被风吹散，扣上玻璃杯。第二天，拿开玻璃杯和菌盖，就可以看见纸上面留下与菌褶排列一致的放射状孢子印。

全方位提高初中生物教学质量的思考

一、问题的提出

九年义务教育全日制初级中学生物教学大纲明确指出："生物学是义务教育初中阶段必修的一门基础课程。"但现在却普遍存在着对生物课重要性认识不足，学生学习兴趣低，缺乏内在动力，学习方法不当，实验和课外活动开设不好等问题，制约着生物学教学质量的提高。克服这些制约因素，全方位提高教学质量，是值得每一位生物教师认真思考的问题。

二、解决问题的思路

影响初中生物教学的因素是多方面的。其中，学生积极性的调动是主要因素，课堂教学水平的提高是根本措施，学习方法的指导是可靠保证，课外活动的组织，是课堂教学延伸和培养学生兴趣的主要渠道。

三、全方位提高生物教学质量的措施

1. 激发学习兴趣，调动学生学习的积极性

（1）明确学习目的。这是学生主动学习和克服困难的内在动力，通过教学要使学生明确生物学在人的生活、生产中的重要意义，激发和强化学习动机，保证学习计划的顺利实施。

（2）故事启发。中学生好奇心强，在课堂上可穿插一些历史典故、生物趣闻、社会热点等，激发学生学习的兴趣。如讲遗传病时，先讲达尔

文与其表妹的婚姻悲剧故事，启发学生思考，使学生思维高度集中，继而讲遗传病产生的原因及近亲结婚的危害。这样，课堂既生动有趣，又能吸引学生的注意力，把知识深深印在脑海里。

（3）生物学面临的挑战和机遇。当今世界人类面临的挑战很多，如环境污染、人口爆炸、资源短缺等，都有待于我们去研究解决，这些问题大都与生物学有关，在教学中适时点出，不但可激发学生的学习动机，并可以引导部分感兴趣的学生一生从事生物事业，并大有作为。

（4）情感沟通。首先，我们要以渊博的知识、灵活多变的教学方法和对生物教育事业的无限热爱来感化影响学生。其次，我们要向学生介绍丰富多彩的生物世界、生物学发展的美好前景及我国丰富的生物资源，来培养学生热爱并献身生物科学的情感。最后，我们要保护学生的学习兴趣和热情，鼓励他们多想多问，和学生打成一片，让学生在轻松愉快的气氛中习得生物学知识。

（5）联系实际。生物学与生活生产联系密切，我们要充分利用这一点来指导我们的生活和生产。如种子贮藏、果树嫁接、近视预防等，这样可拉近生物学与我们生活的距离，让学生产生亲近感和实用感。

2. 认真备课，提高课堂教学水平

（1）重视绪论课教学。绪论课的主要任务是调动学生学习的积极性，激发学生学习的兴趣，我们要通过绪论课的教学把学生带入生物世界，明确学习生物课的重要意义，使他们产生探索生物奥秘的欲望，掌握学习生物的方法，为以后的教学打下基础。

（2）设计好每堂课的导入。“良好的开端是成功的一半”，我们要根据教学的内容，设计出巧妙的，富有启发性、思考性、引人入胜的简短的导入，激发起学生学习的兴趣，吸引学生的思维。这是一堂课成功的关键。如讲《种子结构》时的导入：“小小的一粒种子为什么能长成参天大树？”

给学生造成悬念，增强追求知识的渴望心理，使学生自觉、主动的配合教师完成教学任务，并且记忆深刻。

（3）加强直观教学。初中生物课适合直观教学的内容很多。实物、标本、模型、板画、挂图、幻灯、投影、录像等都是很好的直观教学手段。直观教学可克服学生对知识的枯燥、乏味感，增强感性认识，激发学习兴趣，使记忆牢固持久。在实际教学中，我们要充分利用这一学科优势。

（4）上好实验课。生物课是一门实验科学，上好实验课不但可增强感性认识，加深对生物知识的理解和记忆，而且能激发学生对生物学的浓厚兴趣。我们要千方百计创造条件，上好实验课，让学生自己动手操作、观察实验现象，分析实验结果，培养学生的发现探索精神。

此外，我们还要用生动的语言，清晰的板书，设疑等灵活巧妙的教学艺术，提高课堂教学的效果。

3. 加强对学生学习方法的指导

（1）心理情绪调节。只有当学生用全部身心积极参与整个教学活动时，才能取得好的学习效果。因此，我们要进行关于学生情绪、兴趣、态度和自制能力等方面自我调节方法的指导，让学生在课堂上始终处于良好的心理氛围之中。

（2）学习过程指导。学习分三个阶段，即知识的获得、巩固和应用。在知识获得阶段，要指导学生如何观察、思维和想象；在巩固阶段，要指导学生如何记忆、强化和系统化；在应用阶段，要指导学生如何分析、概括、综合和解决问题。特别是记忆方法，我们要结合教学内容向学生介绍比较、歌诀、谐音等常用的记忆方法，减轻记忆负担，提高记忆效果。

（3）自我评价。要让学生对自己的知识能力有客观的认识，以根据自己的知识能力水平及学习内容制订出周密的学习计划，采取有效的学习策略，这将更加有利于学生学习成绩的提高。

指导学习方法可通过绪论课、专题讲座等方式集中进行，也可在日常教学中结合学习内容穿插进行。

4. 积极开展课外活动

丰富多彩的课外活动是课堂教学的延伸和培养学生学习兴趣的重要渠道，丰富多彩的课外活动还可拓宽知识面，开阔视野，有利于学生能力的培养和生物学素养的提升，有利于培养兴趣和发展特长。生物课外活动内容很多，方式多样，如参观、实验、成立兴趣小组、举办生物学知识竞赛等，根据实际情况可灵活掌握，但一定要积极为学生开展生物课外活动创造条件。

（此文刊载于《山东师范大学学报》1997 年第 58 期）

第四部分

中考篇

修炼密码

密码一：保证教学质量是生物教师最基本的专业素养。义务教育生物学的教学要立足平时，培养学生的生命观念、科学思维、探究实践、态度责任等核心素养，具备在真实情境中解决生物学问题的能力，既让学生达到义务教育阶段的学业质量标准，也能在中考中取得优异成绩。

密码二：科学有效的复习策略是提升中考成绩的有效途径。在完成新授课程后，通过全面、有效的复习备考设计，可以有效提高中考成绩。

密码三：加强中考备考的研究是提高中考成绩的关键措施。在中考备考实践中，及时总结中考备考的有效方法，积累行之有效的备考资料，可以有效提升生物教师指导学生中考备考的能力，全面提升中考成绩。

密码四：本篇内容结合作者多年的中考备考经验，从《生物中考复习备考策略：三轮一回扣二指导》《初中生物“科学探究”主题中考备考策略例析》《基于生物核心素养的中考试题解题技巧例析》《生物中考考前指导》《生物中考备考重难点解析》《生物中考复习案例“人体的呼吸”》等方面，全面呈现了作者在三十多年中考备考实践中积累的研究成果，对于指导学生中考备考有重要参考价值。

生物中考备考策略：三轮一回扣二指导

对于初中生物学中考来说，系统化的设计中考复习备考课程是对新授课的综合与提升，可以让学生从学科思想、学科方法、学科知识体系等整体层面理解和把握生物学知识，从而提高学生利用生物学知识解决现实生活和实际情境中问题的能力，达到综合提升学生生物学素养，在中考中取得理想成绩的目的。为学生进入高一级学校后生物学的学习打下坚实基础。

初中生物学“三轮一回扣二指导”复习备考策略，是作者在北京实验学校近3年的复习备考工作中总结出来的行之有效的复习方法。其中，“三轮”指的是一轮基础复习、二轮专题复习、三轮综合复习，“一回扣”指的是回扣课本和基础知识，“二指导”指的是指解题技巧指导和考试技巧指导。

一、三轮复习

一轮基础复习。一轮复习是以单元或主题为单位整体梳理课本内容，巩固基础知识，训练基本技能，从而建立知识间的联系和整体知识框架，提炼学科思想和方法，形成在真实情境中综合利用知识解决问题的能力。一轮复习不能是新课和教材的重复，可以按课程标准的10个主题梳理整合教学内容。尤其是对教材编写中分散开的生物技术、实验探究等内容要重新整合，其他主题要在复习的过程中从结构功能观、物质能量观、进化适应观、生物体是一个整体等高位上进行整合提升，从而提升学生对生物学的认识，达到通过复习提升学生生物学核心素养的目的。一轮复习的时间大约占到整体复习时间的1/2。可以梳理出重点知识挖空、核心知识清单、设计疑难解析和针对性训练等复习材料，课堂的设计一般通过在真实情境中贯穿相关知识和习题的方式进行，既可以调动学生的学习兴趣，又可以提高学生解决实际问题的能力。

二轮专题复习。二轮复习可以按初中生物学的10个主题设计专题，对知识、能力与方法进行高度的整合与提升，也可以按照选择、识图、实验、图表线、科普阅读等不同题型设计专题。专题复习中要有针对性的设计适量综合性例题和习题，从知识模块角度或题型角度对学生进行分类训练，达到利用生物学知识解决真实情境中的实际问题，综合提升生物学素养和有针对性的应对中考之目的。二轮复习的时间一般占到整体复习时间的3/10，课堂设计一般通过专题形式进行，同时穿插例题和综合练习进行，从而有针对性地训练学生的解题技能。

三轮综合复习。三轮复习是对整体初中学段生物学知识的整合与训练，对初中所学内容进行融会贯通和查缺补漏，既可以实现初中学段生物学内容的整体融通，又可以起到模拟中考的作用。三轮复习的时间一般占到整体复习时间的1/10，一般通过综合模拟训练与讲评课的方式实施。

二、一回扣

“一回扣”属于考前实施的环节，可以在考前用1—2周的时间进行。

“一回扣”指向的是回扣基础知识和课本，即在中考前不要再复习难题、偏题和怪题，中考虽然有选拔性，但同时还作为初中毕业考试，毕竟还是以基础题为主。所以考前的复习要回归课本，回归到基础知识的复习上来，可以复习知识要点或笔记，也可以给学生提供一些基础知识的挖空、易错点提示和选择等非常基础的训练题进行复习巩固，这样可以保证基础题不丢分或少丢分。

三、二指导

“二指导”中的解题技巧指导一般利用 2 课时左右的时间，采用边指导边训练的方式进行。考试技巧指导一般利用 1 课时的时间，在考前 1 周左右进行。

解题技巧指导。针对不同题型一般有不同的解题技巧，采用不同的解题思路，这样既可以增加解题的准确性，又可以节约时间，解题技巧要在平时解题中进行渗透，并在中考前进行一次集中的强化指导，下面以常见的几个题型加以说明。

选择题可以分为概念、判断、识图、概念图识别等几种类型。概念类包括直接的概念识别、识别与概念相对应的情境、识别题干情景背后的概念或对概念内涵的识别等三种类型。判断类包括概念内涵判断、概念—情景判断、情景—概念判断、情景—概念—情景判断等几种类型，根据选择题的不同类型采取有针对性的思考方式和解题思路，可以减少错误率，提高答题效率。

识图作答题的解题思路和技巧：准确识别生物图，识记和回忆生物图各部分名称、特点和功能，根据题意参照生物图作答，对于与生物图关联的问题展开联系进行作答。中考中的生物图一般是学过的几类图的综合，实际考察的是有联系的几个知识点，因此要注意思维的发散和各知识间的联系；对于一些没有见过的答题信息，一般在生物图中会给出标注或提示，一定要注意生物图标注与回答问题之间的联系。

图表线题的解题思路和技巧：仔细阅读题干材料，了解题意；正确识别图、表、线的含义；从三个方面针对问题作答：一是回顾已学生物学知识作答；二是根据题干提供材料作答；三是根据图、表、线所表达的信息作答。

创新实验题的解题思路和技巧：此类题目一般不是教材上原有的实验，

而是依据探究实验原理创新的实验；对于此类题目，一是考查已学的生物学知识，直接回顾作答；对于创新实验要根据探究实验的原则（单一变量、对照组和实验组等）和所给条件进行详细分析，搞清楚实验原理后，再对相应问题进行作答；此类题目重在考查学生解决新问题的能力，所以要综合所学知识和实验，去解决新问题；回答此类题目的关键是弄清实验所给的条件，以及所给文字、数据、图表中的关键信息，找出这些关键信息与所要回答问题之间的关系；解决此类问题要充分利用学过的实验现象和原理，从而加快解决问题的速度。

科普阅读题的解题思路和技巧：首先看作答的问题，通过回顾已学知识解决部分问题；对于需要通过阅读材料才能作答的问题，要带着问题全面反复阅读科普材料，确定准确答案后再作答；对于生物学专用名词用词要准确，根据材料作答的问题不要出现笔下误；这类题目的最后一般有一个开放型题目，要求回答合理即可，在作答时，既要弄明白答题方向，又要简洁，要点突出。

考试技巧指导。考试技巧主要是考场上整体考试应对的一些技巧，如果掌握得好，既可以节约时间，提高答题的效率，又可以避免失分。这些技巧既需要在平时考试中反复训练，养成良好的答题思维习惯，也有必要在考前进行集中的强化指导。常见的考试技巧有：下发试卷后的 5 分钟是不能答题的，但可以浏览试卷或审阅试题，从而充分利用这几分钟的时间；浏览整体试卷后要本着先易后难的原则进行作答，不会的可以在试卷上先做一标记，在容易的题做完后再作答，从而防止会做的题没时间作答的情况发生；选择题先在试卷页上做完后，再在答题卡上集中填涂，既可以节省时间，又可以减少错误率；需要改错时，先在错误文字上轻轻画一斜线，然后在错误文字上方或下方写上正确答案；要整体把控答题时间，防止前紧后松，或者前松后紧的情况发生，一般中考会在考试结束前 15 分钟给一个提示信号，要利用好这个提示，调节答题进度；试题做完后复查拿不准时，要以第一感觉为准，等等。

初中生物学中考复习备考策略，因为全国各地的学情、考情不同，可以说仁者见仁，智者见智，只要是适合的、有效的，就是最好的。此文仅是抛砖引玉，起到促进初中生物学复习备考策略研究之目的，借以推动初中生物学教学质量的持续提升。

参考文献

李银乐 . 基于核心素养的生物中考试题解题技巧例析 [J]. 理科考试研究，2019（8）：61–65.

初中生物“科学探究”主题中考备考策略例析

科学探究是生物学四大核心素养之一，对于培养学生的科学素养和探究能力意义重大，在初中生物学的学习中占有重要地位，在生物中考中也占有较大比重。笔者从事初中生物中考备考和备考研究工作多年，发现很多学校学生对生物科学探究的学习停留在表面上，理解不深不透，甚至有的生物教师也不能很好地从本质上说清科学探究的基本方法和解题规律，生物学教学不能直接指向科学探究的本质，导致学生的生物科学探究素养停留在表面和较低层次上，不能较好地解决生活实践中的生物学问题，在中考中不能很好地解答有关科学探究的题目，严重影响了学生生物科学素养的提升、生物教学质量的提高和进入高中阶段后生物学的深入学习。

为了让学生从本质上弄清生物科学探究的基本方法和规律，以不变应万变，解决新情景中的真实问题，全面提升学生的生物科学探究素养，全面提升生物教学质量，笔者所在的生物教学团队在总结多年生物中考备考经验的基础上，归类总结了初中生物“科学探究”主题中考备考的应对策略，并结合实例进行了分析，可以让学生从本质上准确掌握科学探究的方法和在新情景中解决问题的规律。

一、自变量、因变量和无关变量

自变量是探究实验中人为干预操作的变量，也是我们要研究的变量。因变量是因（随）自变量的变化而发生变化的变量，也就是探究实验中的实验结果可以说明的变量。无关变量是探究实验过程中，除自变量和因变量以外，存在的一些可变因素，这些因素如果不能控制到相同且适宜，也会对实验的结果造成影响，这些可变因素称为无关变量。自变量和无关变量都会引起因变量的变化。

例如：在“探究光对鼠妇分布的影响”实验中，自变量是光的有无，因变量是鼠妇的分布情况（在明亮处还是阴暗处），无关变量是空气、湿度、温度等。

二、“提出问题”的准确表述方式

“提出问题”的表述，需要包含自变量、因变量两个要素，且句式是疑问句，句子后的标点是问号。

例如：在“探究光对鼠妇分布的影响”实验中，探究的问题可以表述为“光会影响鼠妇的分布吗？”，光是自变量，鼠妇的分布是因变量。

三、“作出假设”的准确表述方式

“作出假设”的表述，需要包括自变量、因变量两个要素，且句式是陈述句，句子后的标点是句号。

例如：在“探究种子萌发的环境条件”实验中，作出的假设可以表述为：种子萌发需要一定的水分、适宜的温度和充足的空气。自变量是一定的水分、适宜的温度和充足的空气，因变量是种子是否萌发。

四、对照实验的设计

对照实验是在研究一种条件对研究对象的影响时，所进行的除了这种条件不同以外，其他条件都相同的实验。设计对照实验时，对照组是在自然且适宜条件下的组，实验组应该是人为改变实验条件的组。在一组对照实验中，自变量是唯一的，其他无关变量要控制到相同且适宜，由此推定实验结果一定是由实验变量引起的。

例如：在“探究绿叶在光下制造有机物”的实验中，叶片的遮光部分和不遮光部分组成对照实验，不遮光部分是对照组，遮光部分因为进行了人为的处理，是实验组。

五、非梯度实验和梯度实验

非梯度实验是指只有一组对照实验，自变量是一组有，一组无，实验结论是定性的。梯度试验是多组对照实验，除对照组外，实验组中人为控制的变量，如某操作的强度、某物质的浓度、含量、添加量等有多个且呈现梯度性变化，形成多组对照实验，实验结论是定量的。

例如：在“探究烟草浸出液对水蚤心率的影响”实验中，盛有蒸馏水的对照组与含有烟草浸出液的任何一个实验组，组成非梯度试验，实验结论是烟草浸出液对水蚤心率有无影响。不同浓度的烟草浸出液对水蚤心率的影响，组成梯度试验，实验结论是在一定范围内，随烟草浸出液浓度的增加，水蚤心率加快。

六、单一变量的控制

探究实验中控制单一变量非常关键，控制的方法主要包括实验前选材和实验中实验条件的控制。实验前选材主要指所用生物材料要相同，如选用同种植物且“长势相同”，同种动物且“生理状态一致”，其他实验材料要数量、质量、长度、体积、来源相同等，所用实验器具要相同（大小、型号等）；所用实验试剂要相同（成分、浓度、体积等）等。在实验中实验条件的控制要根据实验要求对各组进行处理，除自变量这一实验条件不同外，无关变量都要控制得相同且一致，常用词汇有“等量”“相同”“适宜”等。

例如：在“在探究水分对种子萌发的影响”实验中，实验的自变量只有一个，就是有无水分，其他的无关变量都应该是相同且适宜的。

七、设计重复实验

设计重复实验的目的是为了减少偶然因素对实验结果的影响，减少实验误差。重复实验又包括两类，一类是用多个实验对象进行实验，目的是减少个体差异对实验结果的影响；第二类是增加实验的次数，目的是减少偶然因素对实验结果的影响。

例如：在“探究光对鼠妇分布的影响”实验中，要取 10 只鼠妇，而不是 1 只，就是为了防止个体差异对实验的影响；最后的实验结果要取全班各组数据的平均值，就是为了避免偶然因素的影响，减少误差。

八、探究实验材料的预处理

对实验材料的处理，一般有 4 种情况，一是研究药物对疾病的影响时，需构建实验动物疾病模型，预处理的方式是使动物患病，如糖尿病、高血压、肥胖动物模型等。二是研究动物取食行为时，需对实验动物进行饥饿处理，确保实验顺利进行。三是研究植物光合作用时，需对植物进行饥饿（黑暗）处理一昼夜，转运或消耗掉叶肉中原有的有机物。四是测定某种处理对微生物数量的影响时，需先进行灭菌处理。对实验材料进行预处理的目标是使材料处于某种“空白”状态，答题时一般用排除“原有……”的影响来回答。

例如：在“探究绿叶在光下制造有机物”的实验中，要将天竺葵放在黑暗处一昼夜，让原有的淀粉运走耗尽，就是为了排除“原有淀粉”对实验结果的影响。

九、自变量和自变量的控制手段

自变量是设计探究实验时人为控制的变量，但人为控制自变量是需要一定手段的，不能将自变量控制的手段等同于自变量。

例如：在“探究 CO_2 是光合作用必需原料”实验中，CO_2 是自变量，NaOH 吸收 CO_2 就是控制自变量的手段。

十、因变量和因变量的检测指标

因变量是探究实验中随自变量变化而引起变化的变量。因变量一般需要一定的检测指标来检测，不能将因变量的检测指标等同于因变量。

例如：在“探究光照强度对光合作用的影响”实验中，试管与灯的距离是控制自变量的手段，光照强度是自变量；每分钟产生的气泡数是因变量的检测指标，光合作用强度是因变量。

十一、探究实验结果的常用表示方法和信息提取

探究实验的结果一般包括两种类型。一是实验现象型结果，如检测淀粉存在时加碘液颜色变蓝，检测二氧化碳时，二氧化碳使澄清石灰水变浑浊；二是实验数据型结果，如数据、表格、柱状图、折线图等。对于这些实验结果的不同表示方法，应从以下方面关注提取信息。一是关注表格中的表头名称、组别、处理方式（自变量）、结果（因变量的检测指标），二是关注柱状图中横坐标（自变量）和纵坐标（因变量），三是对于折线图要注意三看：一看横坐标和纵坐标的含义：横坐标（自变量），纵坐标（因变量）。二看曲线的变化趋势：①上升—直线上升或逐渐上升；②下降—直线下降或逐渐下降；③保持稳定或波动；④先上升后下降或先下降后上升。三看关键点：①曲线的起点和终点，②曲线与纵轴和横轴的交点，③曲线的顶点、转折点、最低点。

十二、探究结论与探究结果的区别及正确书写

实验结果是指通过探究实验观察到了什么现象，测出了什么数据，变化的趋势是怎样的，一般用在某种处理方式下，因变量的检测指标发生了某种变化来表述。实验结论是对探究问题的最终确定性回答，实验结论回应的是实验探究的目的和假设，探究结论怎么写，要看探究问题是什么。

例如：在“探究光照强度对光合作用的影响”实验中，实验结果是试管与灯的距离越近，每分钟产生的气泡数越多；实验结论是随光照强度增强，光合速率增强。

参考文献

[1] 北京市海淀区教师进修学校. 海淀名师伴你学·初中学业水平考试复习与指导·生物学（2021 年版）[M]. 北京：北京师范大学出版社，2021.

（原文刊载于《理科考试研究》2021 年第八期）

基于生物核心素养的中考试题解题技巧例析

随着教育部《关于全面深化课程改革落实立德树人根本任务的意见》和国务院办公厅《关于深化教育体制机制改革的意见》的深入推进，通过考试评价倒逼基础教育教学回归课程标准的一场教学改革正在有序进行。以《中国学生发展核心素养》发布和《普通高中生物学课程标准》（2017年版）印发为标志，培养学生的生命观念、科学思维、探究实践和态度责任4个方面的生物学核心素养，已经成为生物学教学改革的明确方向，也深刻影响着生物中考试题类型和考查内容的变化。

北京市中考就明确提出了中考注重考查学生九年义务教育的积累；注重对学生掌握的基础知识、基本技能、基本思想和基本能力的考查；注重发挥考试的教育功能，在考试内容中融入对社会主义核心价值观和中华优秀传统文化的考查；扩大选材范围，突出首都特色；贴近生活，注重实践；减少单纯记忆、机械训练的内容，注重考查学生的独立思考、综合运用所学知识分析和解决问题的能力。北京市作为我国基础教育改革的前沿阵地，对全国中考改革有一定的示范引领作用。

伴随着生物中考改革的深化，作为一线生物教师，如何指导考生应对新中考的变化，是每一位初中生物教师所关心的问题。笔者根据2018年指导初三学生备考的经验，针对近年来生物中考出现的不同题型，结合具体案例给出了具体的答题技巧指导。

一、选择类试题解题技巧例析

1. 概念类

①概念识别。

举例：人体完成反射的结构基础是（ ）

A. 大脑 B. 脊髓 C. 神经元 D. 反射弧

②识别与概念相对应的情景：突出对概念内涵及外延的理解和应用。

举例：下列属于器官的是（ ）

A. 胃 B. 神经元 C. 血红蛋白 D. 血液

③识别题干情景背后的概念或对概念内涵的识别。

举例：分布于云南西双版纳热带密林中的望天树是我国最高的树种，平均株高可达60米左右，水分仍能从根部运输到叶片，其主要动力来自（ ）

A. 光合作用 B. 呼吸作用 C. 蒸腾作用 D. 向光生长

2. 判断类

对于判断类选择题，在读完题干后，首先要明确题意是选择正确的选项，还是选择错误的选项。

① 概念内涵的判断：在识别某一概念或部分概念的内涵及外延的基础上进行比较、判断，或综合比较与题干情景相关联的多个或多组概念的内涵及外延，进行分析、判断、评价等。

举例：血液在人体内按一定的方向循环流动，为人体运输营养物质和代谢废物。下列有关叙述不正确的是（ ）

A. 心脏搏动为血液循环提供了动力

B. 血液循环包括体循环和肺循环

C. 心房与心室间的瓣膜防止血液倒流

D. 动脉血管内流动的都是动脉血

②概念—情景判断。

举例：下列短语中描述了动物学习行为的是（ ）

A. 金蝉脱壳　　B. 飞鸽传书　　C. 蜘蛛结网　　D. 孔雀开屏

③情景—概念判断。

举例：埃博拉病毒可引起人类出血热，严重威胁生命安全。有同学提出防治这种传染病需要从以下几个方面进行研究，你认为不合理的是识别（ ）

A. 细胞结构　　B. 蛋白质外壳　　C. 遗传物质　　D. 传播途径

④情景—概念—情景判断（判断与题干情景的科学本质相似或不同的情景）。

举例：强烈的紫外线照射会引起眼球晶状体浑浊，导致白内障。进行人工晶状体替换手术就可以帮助病人恢复视力。以下与白内障造成视觉障碍的原因相同的是（ ）

A. 角膜病变　B. 视网膜脱落　C. 视神经损伤　D. 视觉中枢被压迫

3. 识图类

识图辨认相关的概念、在识图的基础上比较发现与题干和生物图相关的概念并分析判断。包括形态结构图、实验装置图、数据图（如柱状图或折线图）等。

举例：（1）香甜可口的椰汁是营养饮品之一。椰子种子在成熟过程中，椰汁会逐渐被椰肉吸收。结合下图分析，椰肉属于种子结构中的（ ）

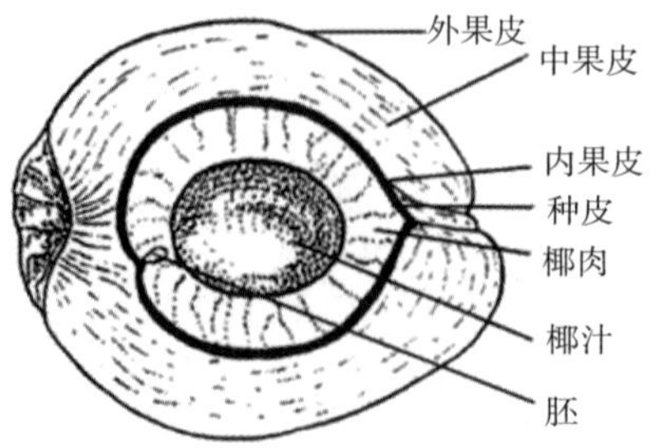

A. 种皮　　B. 胚芽　　C. 子叶　　D. 胚乳

（2）科学家希尔为了探究光合作用的奥秘，采摘生长旺盛的树叶做了下图所示的实验，下列说法不正确的是（　）

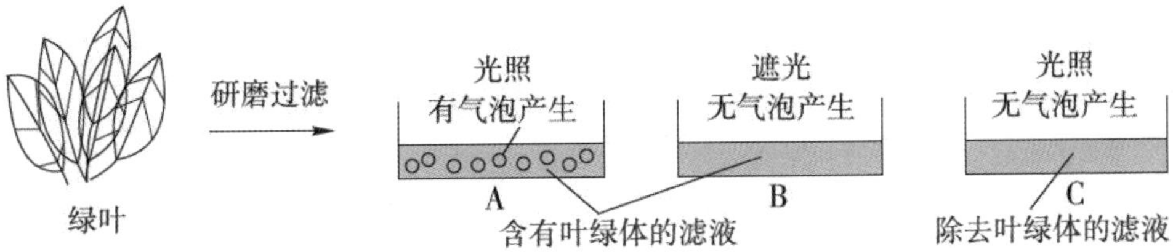

A. 培养皿 A 中气泡内的气体是氧气

B. 比较 A、C 培养皿中的现象，可知光合作用的场所是叶绿体

C. 比较 A、B 培养皿中的现象，可知光照是光合作用的必要条件

D. 培养皿 B 中无气泡产生是因为缺乏二氧化碳

（3）下图为蒙古栎叶龄增长过程中叶面积和叶绿素含量的变化，根据该图结果可以推测（　）

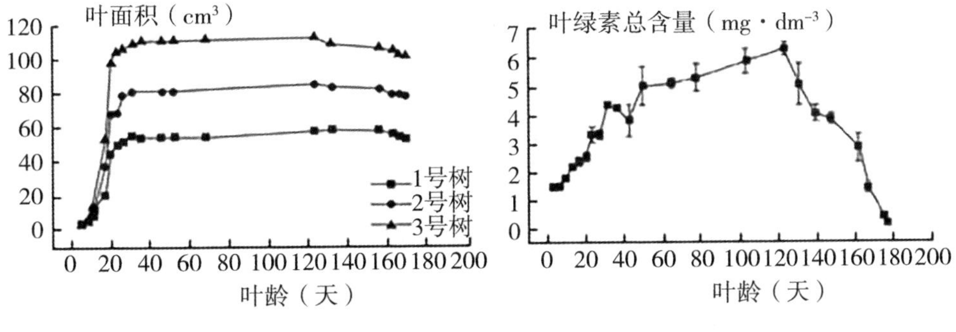

A. 叶片中细胞的生长主要在 40—160 天

B. 叶绿素含量随叶片面积增加而降低

C. 叶绿素含量提高有助于植物呼吸作用

D.120 天后，单位面积叶片光合作用减弱

4. 概念图识别和判断类选择题。

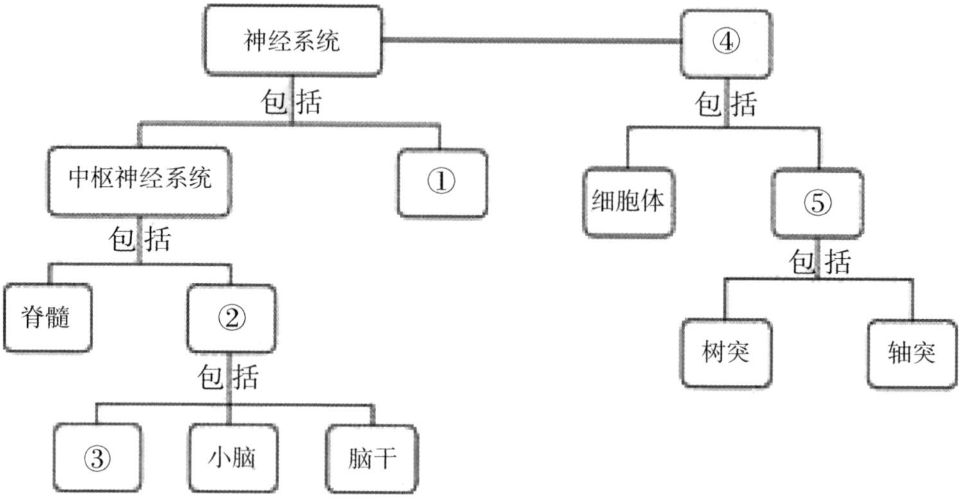

举例：（1）对上面的概念图解读不正确的是（　　）

A. ①是周围神经系统，包括脑神经和脊神经

B. ④是神经调节的结构基础

C. ③具有感觉、运动、语言等多种神经中枢

D. ⑤是神经细胞与其他细胞最明显的区别

（2）如图中Ⅰ、Ⅱ、Ⅲ分别代表某个概念或器官，下列能构成图中关系的是（　　）

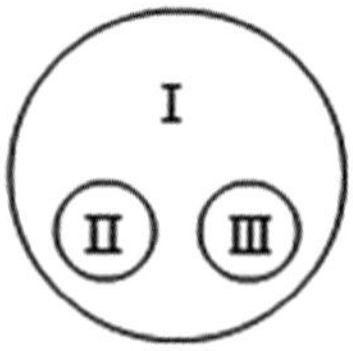

A. 脊椎动物、爬行动物、节肢动物

B. 变温动物、爬行动物、两栖动物

C. 用肺呼吸、鱼类、哺乳类

D. 软体动物、蜗牛、蚯蚓

二、识图作答类解题技巧例析

【解题技巧】

1. 准确识别生物图。

2. 识记和回忆生物图各部分名称、特点和功能。

3. 根据题意参照生物图作答。

4. 对于与生物图关联的问题展开联系进行作答。

5. 中考中的生物图一般是学过的几类图的综合，实际考察的是有联系的几个知识点，因此要注意思维的发散和各知识间的联系。

6. 对于一些没有见过的答题信息，一般在生物图中会给出标注或提示，一定要注意生物图标注与回答问题之间的联系。

【例析】下图为正常成人排尿反射过程示意图，请据图作答。

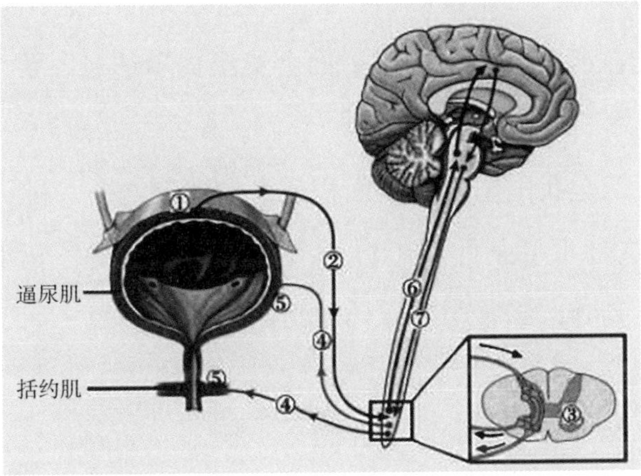

（1）尿液的形成器官是________。尿液排出过程中，通过神经调节使________的逼尿肌收缩，同时________的括约肌舒张，尿液顺利排出。神经调节的结构基础是________。

（2）新生婴儿的排尿反射依次经过图中的________。健康成人的排尿过程，除了上述结构外，还需要位于________中的神经中枢参与，有意识地控制排尿活动。

（3）某患者由于脊髓某个部位意外受伤，导致能产生尿意但不能控制排尿，则该患者受伤的部位可能是图中的________（填序号），此时，排尿反射的神经中枢位于________。通常这种情况称为尿失禁现象。

【参考答案】（1）肾 膀胱 尿道 反射弧（2）①—②—③—④—⑤ 大脑皮层（3）7 脊髓

三、图表线类试题解题技巧例析

【解题技巧】

1. 仔细阅读题干材料，了解题意。

2. 正确识别图、表、线的含义，曲线的横轴、纵轴，图表、曲线分别代表什么含义？正确理解其含义。

3. 从三个方面针对问题作答：一是回顾已学生物学知识作答；二是根据题干提供材料作答；三是根据图、表、线所表达的信息作答。

4. 有些问题在所填空的前面或后面会给出提示信息，要全面阅读后再作答。

【例析】黄瓜是我国温室栽培面积较大的蔬菜之一。科研人员在 T1、T2、T3 三种土壤含水量条件下（T1 ＞ T2 ＞ T3）测定了黄瓜叶片的光合速率（如下图）和叶肉细胞中叶绿体数目、淀粉粒数目（如下表）。

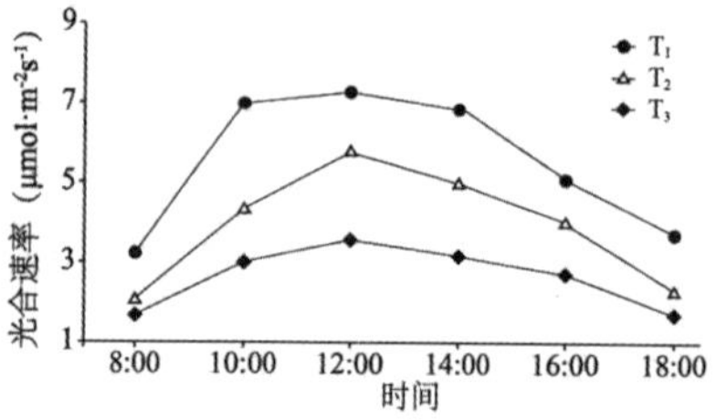

土壤含水量	叶绿体数目（个 / 细胞）	淀粉粒数目（个 / 叶绿体）
T1	9.0	2.9
T2	7.8	2.7
T3	6.7	2.3

（1）黄瓜叶片细胞进行光合作用需要吸收空气中的________，研究者可通过测定其吸收量来获得光合作用速率的数据。据图可知，T1、T2、T3 三种土壤含水量条件下，黄瓜叶片的光合速率在 8:00—12:00 均________，12:00 之后均逐渐降低，这种规律性变化主要是由于一天中________变化带来的影响。

（2）结合表中数据分析，随着土壤含水量降低，黄瓜叶片细胞中________的形成和发育受到影响，叶片的光合作用速率下降，使光合作用制造的________量降低，淀粉粒的数目下降。

（3）除了文中研究的因素以外，影响黄瓜光合作用的主要非生物因素还有____________、____________等。

【参考答案】（1）二氧化碳 逐渐增大 光照强度（2）叶绿体 有机物（淀粉）（3）二氧化碳（浓度） 温度（或者土壤中的无机盐）

四、创新实验类试题解题技巧例析

【解题技巧】

1. 此类题目一般不是教材上原有的实验，而是依据探究实验原理创新的实验。

2. 对于此类题目，一部分是考查已学的生物学知识，直接回顾作答、重复实验即可。

3. 对于创新实验要根据探究实验原则（单一变量、对照组和实验组等）和所给条件进行详细分析，搞清楚实验思路后，再对相应问题进行作答。

4. 此类题目重在考查学生解决新问题的能力，所以要综合所学知识和实验，去解决新问题。

5. 回答此类题目的关键是弄清实验所给的条件，以及所给文字、数据、图表中的关键信息，找出这些关键信息与所回答问题之间的关系。

6. 解决此类问题要充分利用见过的实验现象和原理，可以加快解决问题的速度。

【例析】生物小组用黑藻探究光合作用是否以二氧化碳作为原料。

（1）黑藻能够利用光能合成有机物并释放氧气，该过程在细胞的________内进行。

（2）BTB（溴麝香草酚蓝）水溶液颜色变化可反映出水中二氧化碳含量变化，原理如图 1 所示。

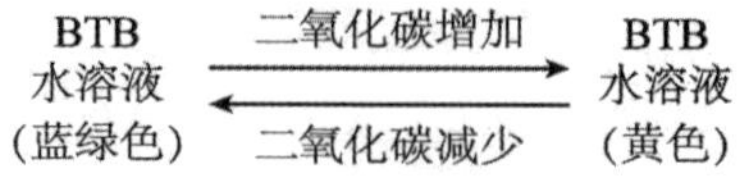

图 1

依据这一原理，同学们进行实验，处理及结果如图 2 所示。

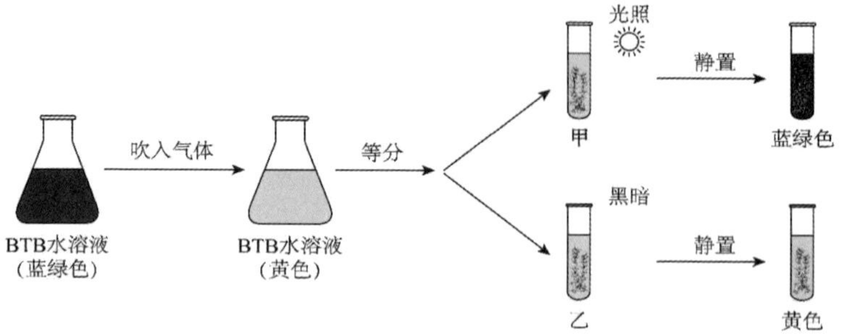

图 2

①向 BTB 水溶液中吹入气体，呼出的气体中含有较多的________，因而 BTB 水溶液变为黄色。

②比较甲、乙组实验结果，说明________________。

（3）有同学质疑，光照是否会引起 BTB 水溶液中二氧化碳含量减少。为回应这一质疑，应在上述实验基础上补充一组实验。请完善实验方案：向 BTB 水溶液中吹入气体至溶液颜色变为黄色，__________________（2 分）。若 BTB 水溶液颜色呈现________，则证明光照不引起 BTB 水溶液中二氧化碳含量减少。

【参考答案】（1）叶绿体（2）①二氧化碳②黑藻光合作用利用了水中的二氧化碳（3）不加入黑藻，置于光照条件下一段时间，观察溶液颜色变化 黄色

五、科普阅读类试题解题技巧例析

【解题技巧】

1. 看需要作答的问题，回顾已学生物学知识回答部分问题。

2. 查找出需要通过阅读材料才能作答的问题。

3. 带着需要回答的问题全面反复阅读科普材料，确定准确答案后作答。

4. 对于生物学专用名词用词要准确，根据材料作答的问题不要出现笔下误。

5. 这类题目的最后一题一般是开放型题目，要求回答合理即可。回答时一要弄明白答题方向，二要简洁，要点突出。

【例析】北京地区的燕子主要有两类：一类是雨燕目雨燕科的鸟类，包括北京雨燕、白腰雨燕等。另一类是雀形目燕科的鸟类，包括家燕、金腰燕和毛脚燕等。其中，最著名的是北京雨燕。北京雨燕每小时飞行速度可达 110—200 公里，还能够在飞行中完成捕食、收集巢材、求偶、交配等活动。

北京雨燕是著名的候鸟，古老的北京城是其重要的繁殖地。那么它的越冬地在哪里呢？以往一直推测它在非洲越冬，但没有直接的证据。

2014 年 5 月，在北京颐和园，志愿者为 31 只北京雨燕佩戴了光敏定位仪，对雨燕的迁徙进行定位和追踪研究。一年后，志愿者通过回收到的数据发现，雨燕于 7 月 22 日前后迁飞，11 月上旬到达非洲南部越冬。于来年 2—4 月，沿相似路线返回颐和园进行繁殖。北京雨燕常常多年返回同一地点繁殖，还有延用旧巢的习性。北京雨燕每窝产卵 2—4 枚，多为 2—3 枚。雨燕的卵呈长圆形，纯白色，没有斑点。

近 20 年来，北京城区的雨燕数量明显减少，根本原因是适宜雨燕的繁殖场所日趋减少。此外，为了保护古建筑，人们常常在这些建筑的外面加盖一层致密的防鸟网，更使雨燕的繁殖雪上加霜。因此，采取合理的方法，加强对雨燕“居所”及生存环境的保护，为其提供充足的繁殖巢址，对北京雨燕的生存至关重要。

请回答以下问题：

（1）北京雨燕是一个物种，它属于动物界、脊索动物门、脊椎动物亚门、

___纲、雨燕目、雨燕科。北京雨燕与___（金腰燕 / 白腰雨燕）的亲缘关系更近。

（2）在科学研究过程中，区分事实和观点是非常重要的。“事实”是指事情的真实情况，“观点”是指对事物或问题所持的看法。以往推测的“北京雨燕在非洲越冬”是一个“观点”，是因为缺乏__________。通过定位和追踪研究证实后，“北京雨燕的越冬地在非洲”即成为“事实”。

（3）进行科学研究常用的方法有观察法、调查法、实验法等。研究北京雨燕的卵形、卵色等所用的研究方法是__________。

（4）北京雨燕的繁殖行为有：筑巢、求偶、交配、产卵、孵卵、育雏，这些行为属于_____________（先天性行为 / 学习行为）。

（5）既要保护古建筑又要保护北京雨燕，请你给出合理的建议：______________________________。

【参考答案】（1）鸟纲　白腰雨燕（2）直接证据（3）观察法（4）先天性行为（5）为其提供充足的繁殖巢址，对栖息地环境进行保护，人工筑巢等答案合理即可

参考文献

1. 中华人民共和国教育部：《普通高中生物学课程标准》. 北京：人民教育出版社，2017 年 .

2. 北京教育考试院：《北京市高级中等学校招生考试说明（2018 年）》. 北京：北京理工大学出版社，2018 年 .

3. 范洪刚：《初中生物选择题答题技巧及方法例析》，《考试周刊》2017 年 61 期，第 150 页 .

（原文刊载于《理科考试研究》2019 年第四期）

中考考前指导

课堂听课认真、基础知识扎实、掌握解题技巧、模拟训练到位是生物中考成功的基础，但真正成功还需要好的临场发挥，涉及很多考试状态调整和临场考试的技巧。在中考前老师一般要进行考前指导。下面将初中生物中考考前指导的一些内容总结如下，供老师们在做考前指导时参考。

一、明确考试的具体时间

提前明确各科考试的具体时间，要具体到某月某日几点至几点，考试时长是多少，以便于统筹生物学科整体内容的复习，准确制定具体的考前复习规划。明确考试的时间包括明确考试入场时间、预备时间、发答题纸和答题卡时间、答题时间、收卷时间，提前到达考点，对考试的流程心中有数。

二、明确考试的基本要求

1. 2B 铅笔、黑色字迹的签字笔、无封套橡皮等必需的考试用品（有特殊规定的除外）可带入考场，其他任何物品不准带入考场。

2. 严禁携带各种通信工具（如手机等具有发送或者接收信息功能的设备等）、电子存储记忆录放设备以及涂改液、修正带等物品进入考场。不准随身夹带文字材料及其他与考试无关的物品。

3. 考生在领到试卷和答题卡后，按要求在规定的时间内在试卷及答题卡上的指定位置粘贴条形码并准确、清楚地填（涂）姓名、准考证号（座位号）等栏目。凡漏填、错填或书写字迹不清的答卷、答题卡影响评卷结果的，责任由考生自负。

4. 遇试卷、答题卡分发错误及试题字迹不清、重印、漏印或缺页等问题，可举手询问，在开考前报告监考员；开考后，再行更换的，延误的考试时间不予补偿。涉及试题内容的疑问，不得向监考员询问。

5. 开考信号发出后方可答题。考生必须用现行规范的语言文字答题。

6. 在试卷或答题卡（纸）规定的地方答题。不得使用红色字迹笔或铅笔（除画图外）答题。不得用规定以外的笔和纸答题，写在试卷、草稿纸上或答题卡（纸）规定区域以外的答案一律无效，不得在答卷、答题卡（纸）上做任何标记。

7. 在考场内须保持安静，不准喧哗，不准交头接耳、左顾右盼、打手势、做暗号，不准夹带、旁窥、抄袭或有意让他人抄袭，不准传抄答案或交换试卷、答题卡、草稿纸，不准传递文具、物品等，不准将试卷、答卷、答题卡或草稿纸带出考场。

8. 试卷、答题卡分发错误及试题字迹不清等问题，考生须先举手，经监考员同意后轻声提问。涉及试题内容的疑问，不得向监考员询问。

9. 考试结束前要离开考场的考生，须先按答题卡、试卷、草稿纸从上到下的顺序排放在桌面上，再举手提出离场，经监考员允许后才准离开考场，离开后不准在考场附近逗留。

10. 考试结束信号发出后，考生须立即停笔，将试卷和答题卡从上到下按照答题卡、试卷、草稿纸的顺序平放在桌面上，坐好静候收卷。待监考员收齐检查无误，根据监考员指令依次退出考场。

三、中考网阅试卷对答题卡的特殊要求

1. 考生拿到答题卡后，要认真检查答题卡有无折皱破损、污渍，如有以上问题须立即向监考老师反映。

2. 作答时须保持答题卡整洁，不得破损、折皱、沾水（汗）。除在答题区域内作答外，不得在答题卡的任何部位做任何标记或乱涂乱画。

3. 答题前要仔细阅读答题卡上的“考生须知”。务必用黑色字迹的签字笔将答题卡第 1 页左上角的学校名称、姓名、准考证号填写清楚，字迹不能超出框线。考生不得自行填涂“缺考标记”栏。

4. 粘贴条形码时，要将本人的条形码横向贴在答题卡右上角方框中（切勿贴出条码粘贴区外侧红框），须一次性贴好，不可撕下重贴。稍有不正、不平不影响阅卷。

5. 答题须在答题卡上作答，在试卷或草稿纸上答题无效。答题须在规定的本题答题区域内（黑色边框）作答，不要在非答题区或其他题的答题区作答。

6. 答题时，不得擅自改动答题卡上原来的题号和规定的答题位置。答题的字迹要清晰，不要使用出水不流畅和一切非规定用笔。违反以上规定的作答无效。

7. 选择题用 2B 铅笔作答，填涂选择题时要将选中项框内涂黑、涂满。修改时须用橡皮将原作答擦除干净，再重新作答。

8. 主观题用黑色字迹的签字笔作答（切勿使用其他颜色的签字笔）；答题字迹不可压在黑色框线上，更不可写在框线外；修改时须用黑色签字笔在原答案上逐字逐行画一道线删除掉，然后在其上方或下方重新作答。修改时不得使用涂改液或胶带纸，否则作答无效。

9. 考试结束后，不要将试卷、草稿纸或其他物品夹在答题卡中。

10. 不要在答题区域内书写姓名、考号或者以其他方式在答题卡上做标记，否则，按违纪处理。未在答题卡上作答的试题一律不给分。

四、考前考试状态的调整

1. 在饮食方面不要做过多的改变。

（1）可以提前几天多吃一些富含蛋白质的蛋类、豆类、鱼类、肉类食品和苹果、香蕉、葡萄、芹菜、菠菜、萝卜类等补脑的蔬菜和水果。

（2）中考几天的饮食以清爽、可口、易消化吸收、忌油腻为原则。油炸食品和大鱼大肉可能会导致考生肠胃不适应。

（3）考前几天，天气炎热，考生勿贪凉，更要注意饮食卫生，保证食物的新鲜清洁，防止出现呕吐、腹泻等症状而消耗体力，影响考试状态，坚决杜绝吃冷饮，不在外面小摊上吃饭。

2. 考前每天坚持做题，但不做成套的题，把几次大考的试题整理出来，错题重做，对比较薄弱的知识，可以看一看笔记或课本，做基础和中等难度的题目，不做很难的题。

3. 考前一天，适当放松，可以听听音乐、聊聊天、看看轻松的电视剧，避免剧烈的体力活动，避免过分疲劳。

4. 生活作息时间有规律，保证充足的睡眠。考试前一天晚上考生可以按照日常习惯稍提前一些休息，或者和平时一样。考前几天，如睡前洗热水澡，入睡慢可以数数等，以保证充足的睡眠，可以适当早休息，晚上10:30 前要休息，早上 7:30 前要起床，睡前一定不要喝茶、咖啡之类有刺激性的饮料。不要吹电扇，开空调，避免感冒。

5. 考前一天晚上如果睡不着，要顺其自然，平常心对待。因为对考试影响最大的不是睡不好觉，而是睡得不好而产生的担心、焦虑、不安。有时睡得不好是由于太兴奋造成的。

6. 考生在考试的前一天晚上，要把考试专用的文具、准考证、身份证等都准备好，放在一个塑料袋中，放到显眼的位置上，以防遗忘。

7. 考前提前到考场，看老师有没有需要叮嘱的事情，自己有没有需要老师帮助解决的问题，也可以给自己稳定情绪，不要在校园内乱跑，若有问题请及时和老师联系。

8. 每场考试前少和同学说太多的话，见了老师和同学微笑着打个招呼就可以了，然后去趟卫生间后，进入考场安安静静等待考试。

9. 善用积极心理暗示。自信地前往考点，要暗示自己有信心。

10. 每科考试结束后，不要与同学对答案。

五、考试期间的注意事项

1. 按时进入考场，迅速适应考场气氛，认真听取考场内的各项指令，不能错过监考教师发布的有关信息，严格按监考老师在各时间段发布的指令要求进行操作。

2. 进入考场后，不要紧张，不要随便讲话，要放松，要满怀必胜的信心，保持安静。也可以适当趴一会儿，让自己的心情平静下来。

3. 校名写学校全称，不要简写。

4. 在考场上集中精力投入答题，忘掉考试目标和结果。

5. 要重视基础题，不让基础题丢分。

6. 试卷上，所有填写的都用黑色签字笔。

7. 考试中间是允许上厕所的，但是需申请，监考老师陪同。

8. 每当一科考完后，不要再去考虑前一科的得失，尤其应当记住的是不要和别的考生议论和争执，而应积极休整，把精力集中到下一科考试中去。如果前一科考试失误较多，要接受教训，争取下一科考试中减少失误。千万不要因一科考试不利，就失去信心，造成“全军覆没”。

9. 严格遵守考场纪律，坚决杜绝作弊和协同别人作弊行为，任何作弊行为都会得不偿失，而且会影响会做题目的作答。

六、答题过程的注意事项

1. 试卷发下后，用 2—3 分钟把试卷浏览一遍，了解共有几页、几个大题、试卷结构，做到心中有数，便于掌握时间，同时消除心理紧张，有利于发挥自己的水平。答题一定要在开考铃响了之后，否则将以违纪论处。但答题前是可以审题看题的，把这几分钟的时间也要利用好，答案考虑好后开考铃一响直接写答案，要重视监考人员的指令信息，有问题可以举手向监考老师提问。

2. 必须用 0.5mm 黑色签字笔在答题卡上给定的位置作答（不要答在框外，以免扫描不上；不要改变题目的位置）。

3. 一般应按顺序作答。

4. 每答一题，要仔细审题和快速准确阅读题干，清楚题干中提供的条件、信息和需要作答的问题，做到字字认准，句句弄清，避免答非所问。选择题答案可以先标在试卷上，做完后，要马上涂答题卡，这样涂错的可能性小，即使涂错，也会有充足的时间改正。严禁在考试的最后 5 分钟涂卡，匆忙涂卡很容易出问题。

5. 要先易后难。对于较容易的题目，且不可掉以轻心，要做到答案准确无误。遇到难题不要紧张，如果一时做不出来，就不要在该题上苦苦“挣扎”，要跳过去，先做下面的题目，一直到做完，再回过头来，攻克难点，且忌因一道难题占用过多的时间而影响解答其他题目。

6. 试卷答完后，要认真进行复查，首先要检查试题有无漏答，再检查答过的题有无失误，如时间不够，可有重点的检查可能出错的题。

7. 答题时要掌握合适的速度（不能太快，也不能太慢），书写要工整，字迹要清晰，解题格式要规范，步骤要完整，卷面要整洁。

8. 答题过程中，除非试卷印刷问题，否则不要向监考老师询问，询问时要有礼貌。

9. 拿不准时，不要轻易改动答案，除非确认自己做错了才可以改动，因为第一感觉要更准确一些。

生物中考备考重难点解析

主题一：生物体的结构层次

一、显微镜的使用

1. 目镜和物镜可以放大物像，物像放大倍数 = 目镜放大倍数 × 物镜放大倍数。

2. 粗准焦螺旋和细准焦螺旋可以升降镜筒（调节焦距），粗准焦螺旋升降幅度大，细准焦螺旋升降幅度小，在调节准焦螺旋时，遵循先粗后细的原则，即先通过调节粗准焦螺旋找到物像，再调节细准焦螺旋使看到的物像更清晰。

3. 反光镜和遮光器可以调节光线强弱，反光镜的凹面和遮光器的大光圈使光线变强，反光镜的平面和遮光器的小光圈使光线变弱。电光源显微镜直接通过调节光度旋钮调节光线强弱。

4. 更换放大倍数不同的物镜需要通过转动转换器来实现。

5. 在高倍镜下：物像大、细胞少、视野暗、视野范围小；在低倍镜下相反。

6. 显微镜下的物像是放大的虚的倒像，上下左右都颠倒，如“b”在显微镜下看到的是“q”。

7. 显微镜视野中的物像移动方向与玻片移动方向相反，如将玻片向右移动，显微镜下的物像就向左移动；如果已知的是物像位置，需要将物像移到视野中央，玻片向已知位置方向移动。如当要观察的细胞在视野的左上方时，需向左上方移动玻片，才能将物像移到视野中央。

8. 视野中污点位置的判断：依次移动目镜、物镜和玻片标本，看物像是否移动。转动目镜，污点移动，说明污点在目镜上；移动玻片，污点移动，说明污点在玻片上；如果移动目镜和玻片标本污点都不移动，说明污点在物镜上。

9. 转动粗准焦螺旋下降镜筒，让物镜靠近玻片标本时，两眼要看着物镜，以防物镜压碎玻片标本。

10. 在低倍物镜下找到物像后，为了进一步放大物像需要换用高倍物镜，并调节细准焦螺旋，使物像看得更加清晰。

二、玻片标本的制作

1. 显微镜下观察的材料必须是薄而透明的。

2. 玻片标本种类分为切片、装片和涂片三种类型。

3. 玻片标本制作的过程包括擦（擦盖玻片和载玻片）、滴（在载玻片上滴一滴清水或生理盐水）、取（取要观察的生物材料放入水中）、盖（盖盖玻片）、染（染色）、吸（吸去载玻片上多余的水）。

4. 在制作植物细胞标本时，在载玻片上滴清水，在制作人和动物细胞玻片标本时要滴生理盐水，主要是人和动物细胞没有细胞壁，防止细胞因吸水或失水改变形态。

5. 盖盖玻片时要使盖玻片的一边成 45 度角接触水滴，再慢慢放平，这样可以避免盖玻片下产生气泡，影响观察。

6. 制作临时玻片标本时，为了观察清楚细胞结构，需要对观察的生物材料染色。染色方法是用滴管吸取染色液，在盖玻片的一侧滴 1—2 滴，用吸水纸从盖玻片的另一侧吸引，直到染色液浸润到标本全部。

三、探究实验

1. 探究实验是在人为控制研究对象的条件下观察实验的结果。结果以数据图表等多种形式呈现。实验设计要遵循设计对照实验、单一变量、重复实验等原则。

2. 探究实验的一般环节有：发现问题或提出任务，制订方案，实施方案，获得证据，分析证据，得出结论，表达交流等。

3. 用多个实验对象可以减少个体差异对实验结果的影响，多次重复试验可以减少偶然因素对实验结果的影响。

4. 自变量、因变量和无关变量：自变量是实验中人为操作的变量。因变量是随着自变量的变化而发生变化的变量。无关变量是对实验的结果造成影响、但不做研究的变量，探究实验要求无关变量相同且适宜。自变量和无关变量都会引起因变量的变化。

5. 提出问题的正确表述需要具备的条件：问题必须是以问号结尾的疑问句；问题中必须有自变量和因变量。

6. 作出假设的正确表述需要具备的条件：假设是对问题尝试性地回答，是对自变量和因变量关系的判断，假设必须是以句号结尾的陈述句。

7. 自变量及控制自变量的手段。如研究 CO_2 是不是光合作用原料时，NaOH 溶液是控制自变量的手段，CO_2 是自变量。

8. 因变量及因变量的检测指标。如研究某因素对光合作用强度的影响时，光合作用强度是因变量，O_2 释放速率、CO_2 消耗速率、有机物生成速率是因变量的检测指标。

9. 实验组和对照组的区分：保持自然状态、未处理的组是对照组，人为改变状态或特殊处理的组是实验组。实验前已经能确定结果的组是对照组，结果未知的组是实验组。

10 结果和结论表述的区别。实验结果的表述：因变量（的检测指标）

在自变量的影响下，产生了怎样的结果或者如何变化，一般用实验现象、数据、表格、曲线图、折线图等表示。实验结论的表述：找到实验开始提出的问题或假设，对该问题进行回答或对假设进行回应，把研究的问题变成陈述句，实验结论是对实验现象和实验结果进行概括、分析、推导得出的一个普遍事实或规律。

四、细胞的结构和功能

1. 细胞是构成生物体结构和功能的基本单位。

2. 细胞各结构的功能及动植物细胞的区别。

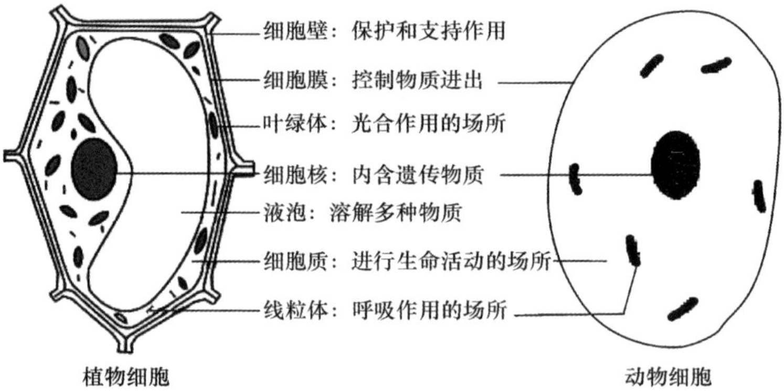

3. 细菌细胞的特点是没有成形的细胞核，只有 DNA 集中的区域，没有叶绿体，有些细菌有荚膜和鞭毛。

4. 真菌细胞结构与植物细胞相似，有细胞壁和液泡，但没有叶绿体。

5. 病毒没有细胞结构，只有蛋白质外壳和内部的遗传物质两部分构成。

五、细胞的分裂和分化

1. 细胞通过分裂、生长和分化形成组织，组织形成器官，植物体的器官组成植物体，高等动物和人体的器官构成系统，系统构成动物体或人体。

2. 细胞分裂是指一个细胞分成两个细胞的过程。细胞核中的遗传物质

DNA（染色体）先复制，再均分成两份，保证了遗传物质的稳定性，动物的细胞膜内凹缢裂成两个细胞。植物细胞在原来细胞中央形成新的细胞膜和细胞壁。

3. 细胞生长是指细胞从周围环境中吸收营养物质并转变成自身物质，体积由小变大。

4. 细胞分化是指在个体发育过程中，一个或一种细胞通过分裂产生的后代，在形态、结构和功能上发生差异性变化，细胞分化的结果形成不同的组织。

5. 组织是由形态相似、结构和功能相同的细胞联合在一起形成的细胞群。常见的植物组织有分生组织、保护组织、营养组织、机械组织和输导组织；常见的动物组织有上皮组织、肌肉组织、结缔组织和神经组织。

6. 细胞分裂和分化示意图。

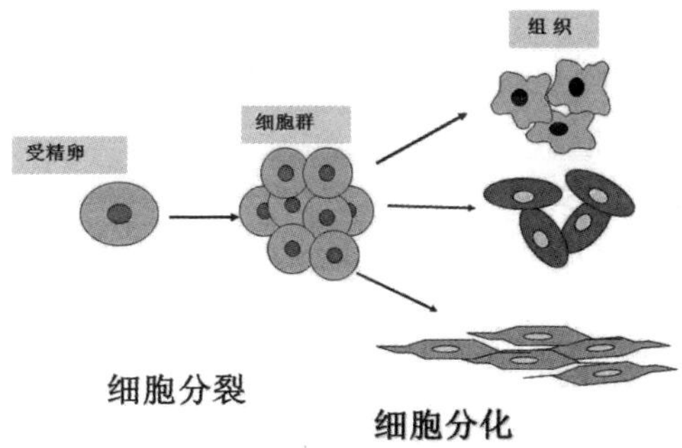

六、生物体是一个统一的整体

1. 组成生物体的细胞（包括单细胞生物）各部分结构相互联系、分工合作、协调配合，共同完成细胞的生命活动。

2. 除病毒外，生物体都是由细胞组成的，细胞是生物体结构和功能的基本单位。

3. 多细胞生物体均由细胞、组织、器官（植物体由器官直接构成植物体）、系统等不同层次组成。

4. 组成生物体的各个器官系统既有分工又协调配合，保证生物体各项生命活动的正常进行。

主题二：生物的多样性

一、生物的分类

1. 生物的分类是以生物的特征为依据。根据生物的形态结构、生理功能以及繁殖方式等，将生物分为不同的类群。如植物分类主要根据植物的形态结构，动物分类主要根据动物的形态结构和生理功能，真菌的分类主要根据真菌的形态结构特征。

2. 被子植物的分类的主要依据是根、茎、叶、花、果实、种子的形态结构特征。在被子植物中，一般将花、果实、种子作为植物分类的主要依据，主要因为生殖器官在植物一生中生存时间短、受环境影响小、形态结构比较稳定，可以比较准确地反映出不同植物之间的亲缘或进化关系。

3. 生物分类从大到小的等级单位依次是：界、门、纲、目、科、属、种。种是最基本的分类单位，同种生物的亲缘关系最近。从种到界，分类等级越大，生物之间的亲缘关系越远，包含的生物种类越多。界是最大的分类单位，同界生物的亲缘关系最远，包含的生物种类最多。从界到种，分类等级单位越小，生物之间的亲缘关系越近，包含的生物种类越少。

4. 双名法：每个物种的学名由两部分组成，第一部分是属名，第二部分是种加词，种加词后面还应有命名者的姓名，有时命名者的姓名可以省略。双名法生物学名部分均为拉丁文，并为斜体字；命名者姓名部分为正体。例如，银杉的学名为 Cathaya argyrophylla Chun et Kuang。中考时给出生物的学名后，一般根据属名区分生物亲缘关系的远近。

二、植物的主要类群及特征比较

植物类群	藻类植物	苔藓植物	蕨类植物	种子植物	
				裸子植物	被子植物
代表植物	衣藻（单细胞）、水绵、紫菜、海带	葫芦藓、苔藓、墙藓	肾蕨、铁线蕨、满江红、桫椤	油松、侧柏、银杏、苏铁、银杉	小麦、杨树、桃树、菊花
生活环境	大多生活在水中	生活在阴暗、潮湿的陆地环境中	生活在森林山野的阴湿处	较为干旱和贫瘠的陆地环境	适应性很强，生活环境相差大
形态结构	没有根、茎、叶的分化	有茎、叶的分化，没有根，只有假根；无输导组织	有根、茎、叶的分化；有输导组织	有根、茎、叶、种子，种子裸露，无果皮包被；输导组织发达	有根、茎、叶、花、果实、种子，种子外有果皮包被；输导组织发达
生殖方式	孢子生殖	孢子生殖	孢子生殖	种子繁殖	种子繁殖
与人类关系	进行光合作用释放氧气；为鱼类提供食物	检测空气污染程度的指示植物	食用、药用、肥料、形成煤	木材或绿化树种	与人的衣食住行息息相关。

从藻类植物到被子植物可以看出植物从水生到陆生，从简单到复杂，从低等到高等的进化关系。

三、脊椎动物的主要类群及特征比较

类群	鱼类	两栖动物	爬行动物	鸟类	哺乳动物
生活环境	生活在水中	幼体生活在水中；成体大多生活在陆地上	真正适应陆地生活	大多适应飞行生活	大多陆地生活
体温	变温	变温	变温	恒温	恒温

续表

形态特征	常有鳞片覆盖，鳞片的表面有黏液，起保护身体的作用	皮肤裸露且能分泌黏液	覆盖角质的鳞片或甲	体表覆羽，前肢变成翼，身体呈流线型，骨骼轻，薄，坚固，长骨中空，胸骨有龙骨突，胸肌发达，有喙无齿	体表被毛，牙齿有门齿、犬齿和臼齿的分化。
呼吸	用鳃呼吸，其主要部分是鳃丝，其中密布毛细血管。	幼体用鳃，成体用肺同时兼用皮肤辅助呼吸	用肺呼吸，气体交换能力较强	用肺呼吸，气囊辅助呼吸	用肺呼吸
运动	通过尾部和躯干部的摆动及鳍的协调作用游泳	幼体用尾鳍游泳，成蛙前肢短小，可支撑身体，后肢发达适于跳跃，趾间有蹼，适于划水游泳	蜥蜴四肢短小，不能跳跃，能贴地爬行	前肢变成翼，适于飞行	运动形式多样，运动能力强
生殖	卵生，体外受精	卵生，体外受精	卵生，体内受精，脱离水限制，卵外有卵壳	卵生，体内受精	胎生，哺乳

从鱼类到哺乳类可以看出动物从水生到陆生，从简单到复杂，从低等到高等的进化关系。

主题三：生物与环境

一、生物与环境的关系

1. 生物与环境相互依赖、相互影响，形成多种多样的生态系统。生态系统中的生物和非生物相互作用，实现生态系统的物质循环和能量流动。

2. 生态因素是环境中影响生物生活和分布的因素。生态因素可分为非生物因素和生物因素。非生物因素包括阳光、空气、水、温度等；生物因素指影响生物生活的其他生物，生物之间的关系有捕食、竞争、合作、共生、寄生等。

3. 生态因素能够影响生物的生活和分布，生物能够适应和影响环境。每种生物都具有与其生活环境相适应的形态结构和生活方式，生物的适应是普遍存在的，这是自然选择的结果。

二、生态系统的结构和功能

1. 生态系统是由生产者、消费者、分解者与非生物环境构成的有机整体。生态系统的类型主要有森林生态系统、草原生态系统、海洋生态系统、淡水生态系统、湿地生态系统、农田生态系统和城市生态系统。生物圈是最大的生态系统，它是地球上所有的生物及其生活环境的总和，包括大气圈底部、水圈大部和岩石圈表面。

2. 生态系统的组成和功能

<table>
<tr><th colspan="3">组成成分</th><th>作用</th></tr>
<tr><td>非生物部分</td><td colspan="2">阳光、温度、水分、空气、土壤等因素</td><td>为生物提供物质和能量</td></tr>
<tr><td rowspan="3">生物部分</td><td>生产者</td><td>绿色植物</td><td>进行光合作用，为各种生物的生活提供物质和能量</td></tr>
<tr><td>消费者</td><td>各种动物</td><td>促进生态系统的循环和发展，维持生态系统的稳定</td></tr>
<tr><td>分解者</td><td>细菌和真菌等</td><td>使生态系统中的有机物分解为无机物</td></tr>
</table>

3. 食物链是生态系统中，生产者与消费者之间、消费者与消费者之间，由于捕食关系而形成的链状结构，非生物部分和分解者不参与构成食物链，一条食物链的起始环节是生产者，结束于最高一级消费者；箭头表示物质和能量的流动方向。在一条食物链中，生产者数量最多，最后一级消费者

数量最少。

4. 在一个生态系统中往往有很多条食物链，它们彼此交错连接形成食物网。生态系统的物质和能量就是沿着食物链和食物网流动的。

5. 因为某些有毒物质在生物体内比较稳定，不易分解，而且生物体无法排出，这些有毒物质会通过食物链不断积累，这种现象叫作生态系统的富集作用。

6. 一般情况下，生态系统中各种生物的数量和比例是相对稳定的。生态系统具有一定的自动调节能力，生态系统中生物的种类越多，食物链和食物网越复杂，自动调节能力越强。但生态系统自动调节能力是有限的，当外来干扰因素超过了这个限度，生态系统就会失去自动调节能力，导致生态系统的稳定状态被破坏。

主题四：植物的生活

一、种子的结构和功能

1. 种子的基本结构

种子的结构一般包括胚、胚乳和种皮，胚是种子的主要部分，胚是幼小的生命体，由胚根、胚芽、胚轴和子叶构成。子叶和胚乳中含有丰富的营养物质（遇碘变蓝可以鉴定玉米胚乳中有淀粉存在）。双子叶植物一般没有胚乳，因为在胚和胚乳发育的过程中，胚乳中的营养物质被子叶吸收了。

2. 菜豆种子（双子叶植物）和玉米种子（单子叶植物）的结构与功能

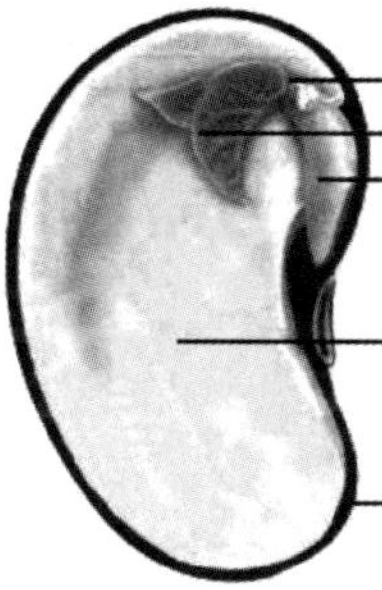

菜豆种子

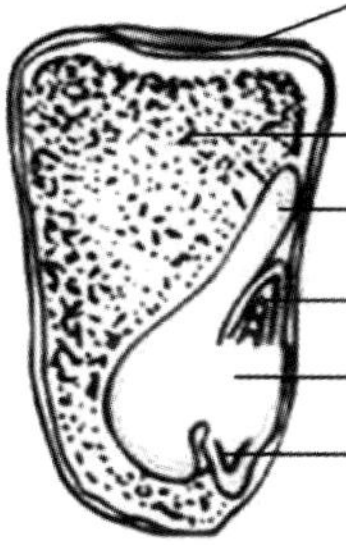

玉米种子

3. 双子叶植物和单子叶植物种子结构的异同

类别	不同点	相同点
双子叶植物	（1）胚有两片子叶； （2）营养物质储存在子叶中。	（1）都有种皮和胚两部分； （2）胚都由胚芽、胚根、胚轴、子叶组成； （3）都有供胚发育的营养物质。
单子叶植物	（1）胚有一片子叶； （2）营养物质储存在胚乳中。	

二、花的传粉、受精及果实种子形成

1. 绿色开花植物的生殖过程：开花→传粉→受精→果实和种子形成。

2. 传粉是指花粉从花药中散放落到雌蕊柱头上的过程。分为自花传粉和异花传粉。异花传粉需要一定的媒介，主要是风和昆虫。风媒花一般较小，花粉多而轻，柱头有分叉和黏液；虫媒花一般有艳丽的颜色和香味及蜜腺，可以招引昆虫传粉。如遇阴雨天气，传粉不足，需要人工辅助授粉。

3. 受精：花粉落到雌蕊柱头上，向下萌发成花粉管，直到胚珠内部，花粉管里的一个精子与胚珠里的卵细胞结合，形成受精卵，另一个精子与极核融合形成受精极核。双受精是绿色开花植物特有的。

4. 果实和种子的形成：受精作用完成以后，花的花瓣、雄蕊以及柱头和花柱会凋落，子房继续发育成果实，子房壁发育成果皮，胚珠发育成种子，珠被发育成种皮，受精卵发育成胚。

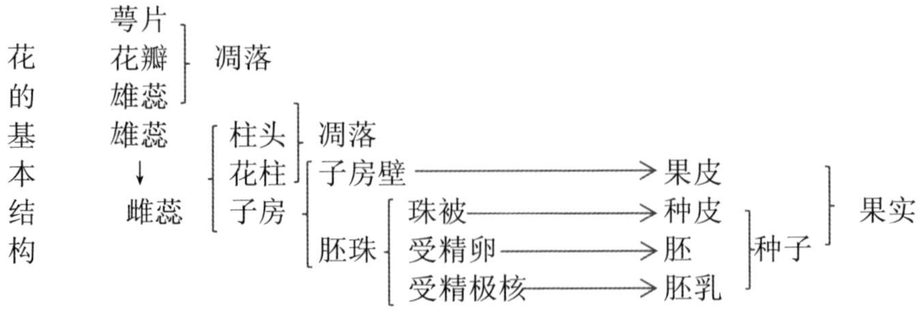

三、绿色植物的光合作用

1. 概念

绿色植物通过叶绿体，利用光能，把二氧化碳和水合成为淀粉等有机物，同时把光能转变为化学能储存在有机物中，并且释放出氧气的过程。

2. 反应式

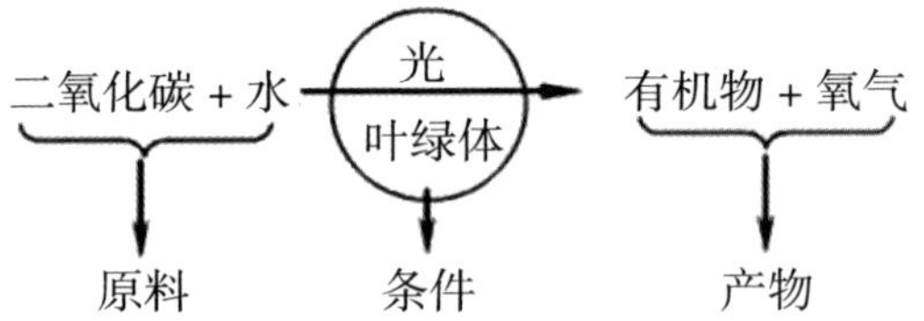

3. 实质

物质转化：无机物（水和二氧化碳）转化为有机物（淀粉等）。能量转化：光能（太阳能）转变为化学能（储藏在有机物中的能量）。

4. 有关实验

①绿叶在光下制造淀粉

A. 绿叶在光下制造淀粉实验的步骤：取材—暗处理—遮光—取叶—脱色—漂洗—滴碘液—冲洗—观察。

B. 实验要点：a. 暗处理是为了将叶内储存的有机物耗尽。b. 将叶片部分遮光是为了形成对照实验，变量是叶片是否接受阳光照射。c. 酒精脱色的目的是使叶绿体中的叶绿素溶解到酒精中，让实验现象更明显。d. 酒精隔水加热主要是防止酒精燃烧，保证实验安全。

C. 实验结果：遮光部分不变蓝，未遮光部分变蓝。

D. 实验结论：绿叶只有在光下才能制造有机物；绿叶在光下制造有机物——淀粉。

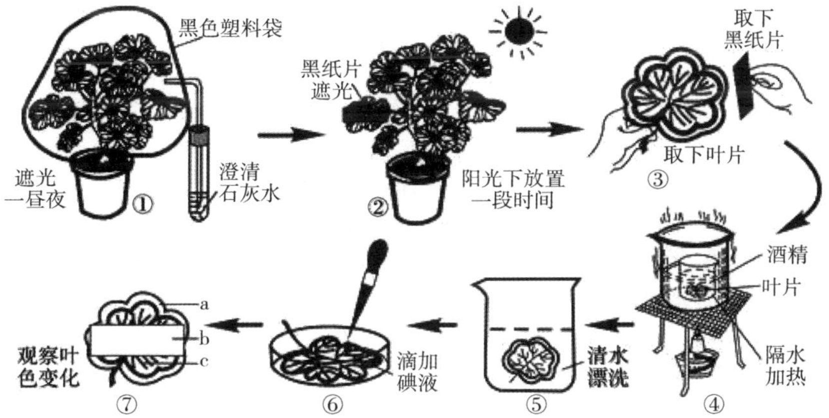

②光合作用产生氧气的实验。如图实验一所示，带火星的木条插入试管内能重新燃烧起来，说明光合作用产生了氧气。

③光合作用需要二氧化碳的实验。如图实验二所示，用氢氧化钠吸收二氧化碳来设计变量进行对照实验，没有二氧化碳的装置中绿色植物不能制造有机物。

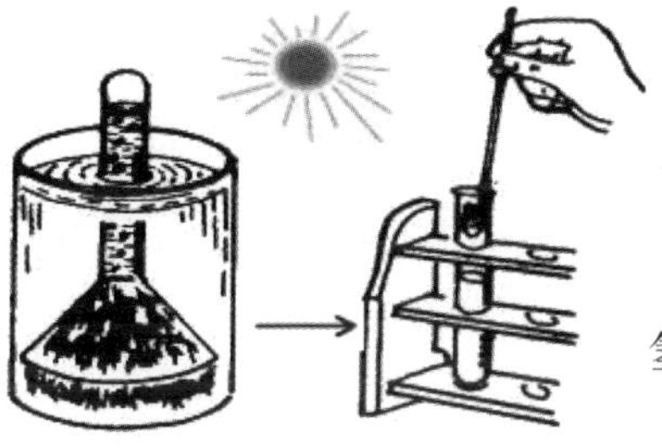

实验一

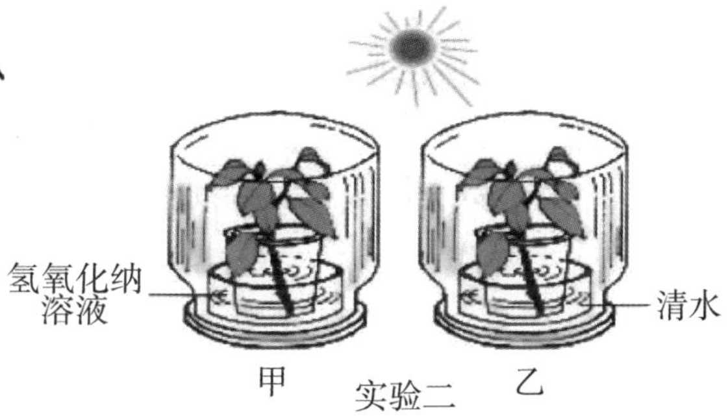

实验二

四、绿色植物的呼吸作用

1. 概念：细胞利用氧将有机物分解成二氧化碳和水，并且将储存在有机物中的能量释放出来，供给生命活动的需要。（呼吸作用是生物体的共同特征，在所有活细胞中进行。）

2. 场所：生物体的所有活细胞在生命活动中都要消耗能量，细胞中的线粒体是呼吸作用的主要场所，是细胞中的能量转换器。

3. 公式：有机物（储存能量）+ 氧气⟶二氧化碳 + 水 + 能量

4. 实质：分解有机物，释放能量。

5. 意义：为生物体的各项生命活动提供能量。

6. 实验：A. 装置一证明种子萌发时呼吸作用增强，释放较多能量，温度计温度升高；装置二证明种子萌发时呼吸作用增强，产生二氧化碳（澄清石灰水变浑浊）。

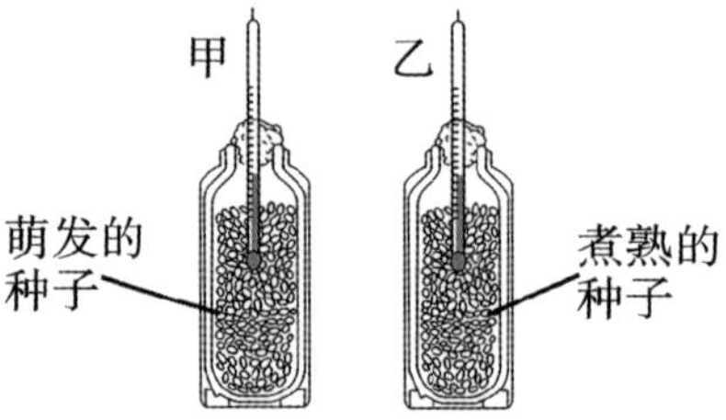

装置一

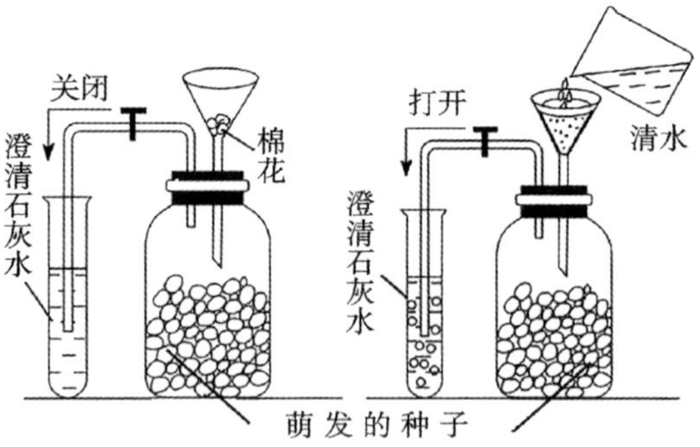

装置二

7. 影响因素：温度（在一定范围内，温度升高，呼吸作用增强）、氧气浓度（在一定范围内，随氧气浓度增大，呼吸作用增强）、水分（在一定范围内，含水量增加，呼吸作用增强）。

8. 呼吸作用在农业生产上的应用。A. 运用呼吸作用的原理保存种子、水果、蔬菜的方法：降低温度，隔氧，减少含水量，增大二氧化碳浓度，抑制呼吸作用。B. 通过松土、排涝等措施，增强根的呼吸作用。C. 早春塑料薄膜覆盖，保持湿度、提高温度、促进种子萌发。

9. 光合作用在农业生产上的应用：A. 合理密植，充分利用光照。B. 给大田、温室里的农作物施用二氧化碳的方法称为“气肥法”，二氧化碳又被称为“空中肥料”。C. 延长光照时间，提高光照强度。

10. 影响光合作用的因素：光照强度（光照增强，光合作用增强，但达到一定强度后，不再随光照增强而增强；夏季中午，光照过强，气孔会关闭，二氧化碳进入减少，导致光合作用下降）和光照时间（延长光照时间）、温度（适宜温度 25℃—35℃，过高过低都影响光合作用）、二氧化碳浓度（温室大棚内增加二氧化碳浓度可以提高光合作用强度）。

五、光合作用和呼吸作用的关系

1. 联系：如果没有光合作用制造的有机物，呼吸作用就无法正常进行。因为呼吸作用所分解的有机物正是光合作用的产物，呼吸作用所释放的能量正是光合作用储存在有机物中的能量；如果没有呼吸作用，光合作用也无法正常进行。因为植物进行光合作用的时候，原料的吸收和产物的运输所需要的能量，正是呼吸作用释放出来的。呼吸作用与光合作用是相互依存的关系。

2. 区别

区别	光合作用	呼吸作用
部分	在含有叶绿体的细胞中进行	在所有活细胞
条件	在光下进行	有光、无光都能进行
原料	二氧化碳、水	有机物、氧
产物	有机物、氧气	二氧化碳、水
能量变化	将光能转变成化学能，贮藏在有机物中	将有机物中的能量释放出来

主题五：人体生理与健康

一、营养物质的消化和吸收

1. 人体需要的营养物质和功能

（1）蛋白质是构成人体细胞的基本物质，参与损伤细胞的修复和更新，可以为人体的生理活动提供能量；（2）脂肪在一般情况下作为备用能源物质贮存在体内，有保温作用，是单位质量释放能量最多的营养物质；（3）糖类是人体最重要的供能物质，也是构成细胞的成分；（4）水约占体重的 60%—70%，是细胞的主要组成成分，人体的各种生理活动都离不开水；（5）无机盐在人体内含量不多，是构成人体组织的重要成分，如钙、磷是构成牙齿和骨骼的重要成分，铁是构成血红蛋白的重要成分；（6）维生素不是构成细胞的主要原料，也不提供能量，含量很少，对人体生命活动起重要的调节作用。

2. 消化系统的组成及其功能

消化系统包括消化道和消化腺两部分。消化道包括口、咽、食道、胃、小肠、大肠、肛门。口腔中的牙齿和舌对食物有咀嚼和搅拌作用，唾液中有唾液淀粉酶将淀粉初步消化为麦芽糖；胃可以暂时储存食物；小肠是消化和吸收食物的主要器官。消化腺包括唾液腺、胃腺、肝脏、胰腺和肠腺，分别分泌唾液、胃液、胆汁、胰液和肠液。

3. 食物的消化和吸收。

（1）消化是在消化道内将食物分解成可以吸收的成分的过程。淀粉在口腔中开始消化成麦芽糖；蛋白质在胃中开始初步消化；胆汁对脂肪有乳化作用，在小肠中各种消化酶的作用下，淀粉最终被分解成葡萄糖，蛋白质被分解成氨基酸，脂肪被分解成甘油和脂肪酸。

（2）吸收是营养物质通过消化道壁进入循环系统的过程。胃可以吸收少量水、无机盐和酒精；小肠可以吸收绝大部分的水、无机盐、维生素、葡萄糖、氨基酸、甘油和脂肪酸；大肠可以吸收少量的水、无机盐和维生素。

（3）小肠适于消化吸收的特点。①小肠长 5—6 米；②小肠内表面有皱襞和绒毛，大大增加了消化和吸收的面积；③小肠内有肠液、胰液等消化液，含有消化淀粉、蛋白质和脂肪的酶；④小肠绒毛内有毛细血管，绒毛壁和毛细血管壁都由一层上皮细胞构成，有利于营养物质的吸收。

二、心脏的结构和功能

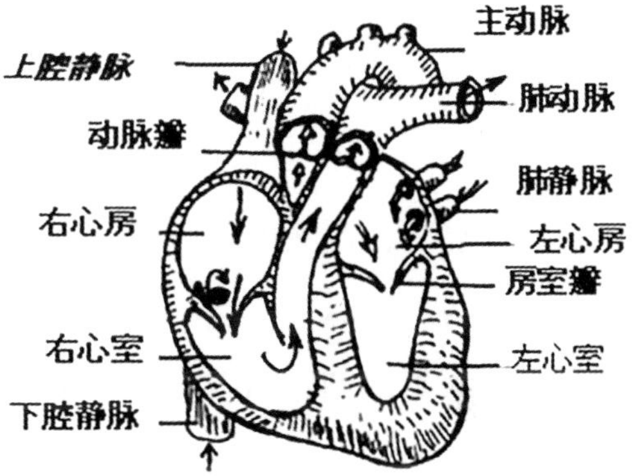

1. 心脏的结构。心脏主要由心肌构成。有左心房、左心室、右心房、右心室 4 个腔。心房在上，心室在下，左心房只和左心室相通，右心房只和右心室相通，左右心房和左右心室之间不相通。在心脏的 4 个腔中，左心室的肌肉壁最厚。

2. 与心脏四腔相连的血管。左心房连通肺静脉，左心室连通主动脉，右心房连通上、下腔静脉，右心室连通肺动脉。

3. 心脏的瓣膜。心房和心室之间的瓣膜叫房室瓣，它只朝向心室开，保证血液只能从心房流向心室；心室和相连的动脉之间的瓣膜叫动脉瓣，只能朝动脉开，保证血液只能从心室流向动脉。这就保证了血液只能按一定方向流动：心房→心室→动脉，而不能倒流。四肢静脉中有静脉瓣，有利于四肢血液的回流。

4. 心脏结构与功能相适应的特点。①心脏的肌肉发达，能够强有力地收缩和舒张，推动血液在血管里循环流动，将血液送到全身，心脏是血液循环的动力器官。②心脏的左右两个“泵”同时协同工作，左侧心室壁厚，将左心房收集的肺部血液泵至全身；右侧心室壁薄，将右心房收集来自全身其他部分的血液泵至肺。这样，体内的血液既经过全身又经过肺，在心脏处汇合。

5. 心脏的工作原理。心肌的收缩和舒张表现为心脏的跳动。心脏跳动时，先是两个心房收缩，此时两个心室舒张，接着两个心房舒张，两个心室收缩，然后全心舒张。心房和心室一起舒张，但不同时收缩。

三、血液循环

1. 血液在心脏和全部血管所组成的管道中进行的循环流动，叫血液循环。根据途径不同，可以人为的分为体循环和肺循环。

2. 体循环：血液由左心室进入主动脉，再流经全身的各级动脉、毛细血管网、各级静脉，最后汇集到上、下腔静脉，流回右心房。在血液流经身体各部分组织细胞周围的毛细血管时，把运来的营养物质输送给细胞，把细胞产生的二氧化碳等废物带走，红细胞中的血红蛋白把它所结合的氧气释放出来，供细胞利用。血液就由动脉血变成静脉血。

3. 肺循环：血液经右心室进入肺动脉，流经肺部的毛细血管网，再由肺静脉流回左心房。右心室的静脉血射入肺动脉，流经肺部毛细血管网时，肺泡和毛细血管中的静脉血进行了气体交换，二氧化碳由血液进入肺泡，氧气从肺泡进入血液。原来含氧气较少的静脉血变成含氧气较多的动脉血。

4. 肺循环和体循环之间的关系。体循环和肺循环是两条不同的循环路线，但它们是同时进行的，循环的起止点都是心脏。心脏把两条循环路线紧密地联系在一起，组成一条完整的循环途径，为人体各组织细胞不断运来氧气和养料，又不断地运走二氧化碳和其他废物，从而完成体内物质的运输任务。

5. 血液循环和物质交换示意图。（“---”表示血管内流静脉血，“——”表示血管内流动脉血）

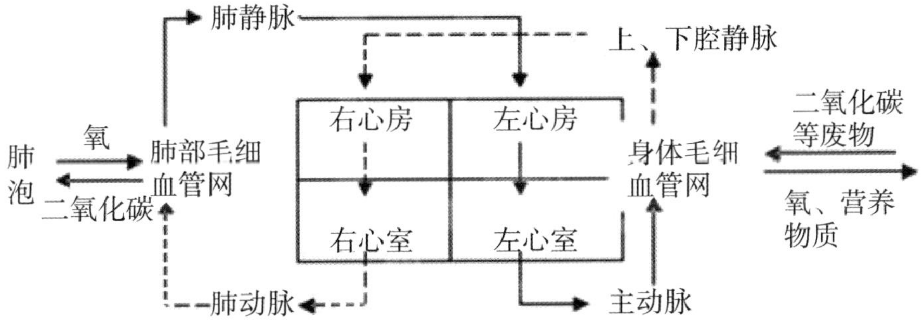

四、尿液的形成

1. 肾脏是形成尿液的器官，每个肾脏大约包括 100 万个肾单位。

2. 肾单位是肾脏结构和功能的基本单位。包括肾小球、肾小囊、肾小管 3 部分。肾小球是由入球小动脉分支形成的毛细血管球，其终端汇合成出球小动脉。肾小球被肾小囊包围。肾小囊是肾小管盲端膨大部位凹陷形成的双层球状囊，肾小囊内、外两层壁之间的狭窄空腔称为肾小囊腔。肾小囊腔与肾小管相通。肾小管细长而弯曲，周围缠绕着由出球小动脉分支形成的毛细血管网。

3. 肾脏的血液直接来自肾动脉。肾动脉分支形成入球小动脉，在肾小球分支形成毛细血管网，然后汇集成出球小动脉，出球小动脉在肾小管周围再次形成毛细血管网，最后汇集成肾静脉。肾静脉流的是含废物少的静脉血。

4. 尿的形成主要包括肾小球的过滤作用和肾小管的重吸收作用。

（1）肾小球的过滤作用：当血液流经肾小球时，除了血细胞和大分子蛋白质外，血浆中的一部分水、无机盐、葡萄糖和尿素等可以过滤到肾小囊腔内，形成原尿。（2）肾小管的重吸收作用：当原尿流经肾小管时，其中对人体有用的物质，如全部的葡萄糖、大部分的水和部分无机盐被肾小管重吸收进入肾小管外的毛细血管中，送回血液，没有被重吸收的物质如一部分水、无机盐和尿素等形成尿液。

5. 排尿的意义：人体排出尿液，不仅起到排出废物的作用，对调节体内水和无机盐的含量，维持组织细胞正常生理功能也有重要作用。

6. 尿液的形成易错点：（1）尿的生成是连续的，尿的排出是间歇的，是因为膀胱可以暂时储尿。但储尿有一定限度，一旦有了尿意，应该及时排尿。（2）一个正常成年人一昼夜产生原尿约有 150 升，每天排出的尿液量仅为 1—1.5 升，是由于肾小管的重吸收作用。

7. 血浆、原尿和尿液成分的比较如下表。

主要成分	血浆中（克 /100 毫升）	肾小褒中（克 /100 亮升）	尿液中（克 /100 毫升）
水	90	98	96
蛋白质	8.00	0.03	0.00
葡萄糖	0.10	0.10	0.00
无机盐	0.72	0.72	1.10
尿素	0.03	0.03	1.80

五、反射

1. 反射是人体通过神经系统对外界或内部的各种刺激所发生的有规律的反应。是神经调节的基本方式。

2. 反射弧是指完成反射的神经结构。反射弧包括感受器、传入神经、神经中枢、传出神经、效应器 5 部分。

3. 反射弧中神经冲动传导路线：感受器→传入神经→神经中枢→传出神经→效应器。

4. 反射的类型。

（1）简单反射（非条件反射）指生来就有的先天性反射。如缩手反射、眨眼反射、排尿反射和膝跳反射等。它是一种比较低级的神经活动，在大脑皮层以下的神经中枢（如脊髓、脑干）即可完成。

（2）复杂反射（条件反射）指出生以后通过长期生活经验学习或训练形成的后天性反射。例如，同学们听到上课铃声会迅速走进教室；行人听到身后的汽车喇叭声，就会迅速躲避等。复杂反射是在非条件反射的基础上，经过一定的过程，在大脑皮层特定中枢的参与下形成的。复杂反射是一种高级的神经活动，是高级神经活动的基本方式。

（3）人类特有的复杂反射（条件反射）。动物的复杂反射是由各种具体刺激（如食物的外形和气味、声音、光等）引起的。人类除了有这类因具体刺激而引起的复杂反射以外，还有一类与语言文字有关的特有的复杂反射。例如，人们在谈论梅子时，唾液的分泌往往也会增多。这类复杂反射的建立，与大脑皮层具有语言中枢有关。

六、眼与视觉

1. 眼球的结构和功能。

- 眼
  - 眼球壁
    - 外膜
      - 角膜（无色，透明，光线可透过）
      - 巩膜（白色，保护眼球内部结构）
    - 中膜
      - 虹膜（有色素，中央小孔叫瞳孔）
      - 脉络膜（有丰富的毛细血管和色素有营养和遮光作用。
    - 内膜：视网膜（内有感光细胞，可形成物象）
  - 内容物
    - 晶状体：折射光线。
    - 玻璃体
    - 房水

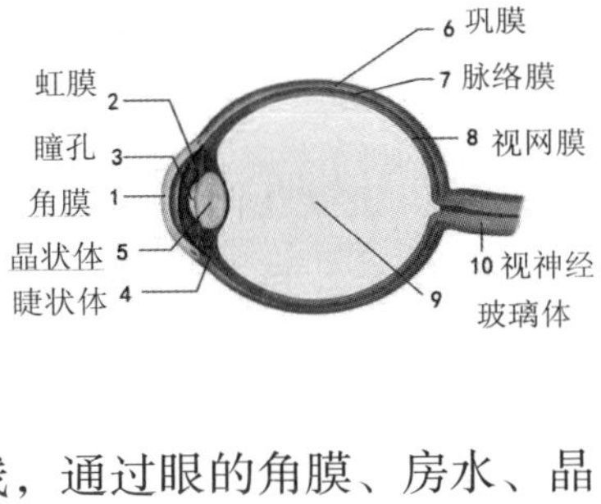

2. 眼对光线的传导：外界物体发出的光线，通过眼的角膜、房水、晶状体和玻璃体，发生折射，最后在视网膜上形成一个清晰的物像。

3. 眼对光的折射：在眼的折光系统中，晶状体能够改变光的折光度，使物像落在视网膜上。

4. 眼进光量的调节：瞳孔可以调节进入眼内的光量。强光下瞳孔缩小，减少进入眼内的光量；弱光下瞳孔扩大，增加进入眼内的光量。

5. 视觉的形成：外界物体反射来的光线，依次经过角膜、瞳孔、晶状体和玻璃体，并经过晶状体的折射，最终落在视网膜上，形成一个物像。视网膜上有对光线敏感的细胞。这些细胞将图像信息通过视神经传给大脑的一定区域，人就产生了视觉。

6. 视觉的形成易错点。（1）物像是在视网膜上形成的，而视觉是在大脑皮层的视觉中枢产生的。（2）在视网膜上形成的物像是倒立的、缩小的实像。（3）眼睛通过睫状体（内含平滑肌）调节晶状体的曲度来看清远近不同的物体。

7. 近视和远视

（1）近视：眼球的前后径过长或晶状体的曲度过大，远处物体反射来的光线经晶状体折射后所形成的物像落在视网膜的前方，因而看不清远处的物体。近视眼可以佩戴凹透镜加以矫正。

（2）远视：眼球的随后径过短或晶体状的曲度过小，近处物体反射来的光线经晶状体折射后，形成的物像落在视网膜的后方，因此看不清近处的物体。远视眼可以佩戴凸透镜加以矫正。

七、耳与听觉

1. 耳由外耳、中耳、内耳 3 部分构成。外耳包括耳廓和外耳道，中耳包括鼓膜、听小骨和鼓室，内耳包括半规管、前庭和耳蜗，耳蜗里面有听觉感受器。

2. 听觉的形成：外界的声波经过外耳道传到鼓膜，鼓膜的振动通过听小骨传到内耳，刺激了耳蜗内对声波敏感的感觉细胞，这些细胞就将声音信息通过听觉神经传给大脑的一定区域，人就产生了听觉。可表示为：外界声波→外耳道（传递声波）→鼓膜（产生振动）→听小骨（传递振动）→耳蜗（感受振动，产生兴奋）→听觉神经（传导兴奋）→听觉中枢（位于大脑皮层，产生听觉）。

3. 前庭和半规管是位觉感受器的所在处，与身体的平衡有关。前庭可以感受头部位置的变化和直线运动时速度的变化，半规管可以感受头部的旋转变速运动，感受到的这些刺激传到相应的中枢以后，就引起一系列反射来维持身体的平衡。

八、免疫

1. 免疫最初指人体对病原体的抵抗力。现指人体的一种生理功能，人体依靠这种功能识别“自己”和“非己”成分，从而破坏和排斥人体的抗原物质，或人体本身所产生的损伤细胞和肿瘤细胞等，以维持人体健康。

2. 人体的三道防线。（1）第一道防线是皮肤和黏膜。（2）第二道防线是体液中的杀菌物质和吞噬细胞（杀菌物质中的溶菌酶破坏病菌细胞壁；吞噬细胞能将侵入人体的病原体吞噬消化）。（3）第三道防线是免疫器官（免疫器官包括淋巴结、胸腺、脾脏等）和免疫细胞（淋巴细胞）。

3. 非特异性免疫（先天性免疫）和特异性免疫（后天性免疫）。（1）非特异性免疫是人生来就有的，不针对某一特定的病原体，对多种病原体都有防御作用，由第一、二道防线组成。（2）特异性免疫是人体在出生以后逐渐形成的后天性防御屏障，只针对某一特定病原体或异物起防御作用。由第三道防线组成（如患天花的人不会再得天花）。

4. 抗原和抗体。抗原是引起人体产生抗体的物质（如病原体等）。抗体是病原体侵入人体后，刺激了淋巴细胞，淋巴细胞产生一种抵抗该病原体的特殊蛋白质。

5. 免疫的功能。（1）抵抗抗原的侵入，防止疾病的产生。（2）监视、识别和清除体内产生的异常细胞（如肿瘤细胞）。（3）清除体内衰老、死亡和损伤的细胞。

6. 免疫功能失调。（1）过强：过敏反应。（2）自身免疫病：如风湿性心脏病、类风湿关节炎、系统性红斑狼疮。（3）免疫缺陷病：免疫系统功能不足或缺陷引起的疾病。如：艾滋病是一种免疫缺陷病，又叫获得性免疫缺陷综合征，是由 HIV 引起的。

主题六：遗传与进化

一、生物的遗传

1. 遗传是指亲子间的相似性，变异是指亲子间和子代个体间的差异。生物的遗传和变异是通过生殖和发育而实现的。

2. 性状是生物体形态结构、生理和行为等特征的统称。生物的性状是由基因控制的，有些性状的表现还受到环境的影响。同种生物同一性状的不同表现形式称为相对性状。

3. 性状的遗传实质上是亲代通过生殖过程把基因传递给子代。在有性生殖过程中，精子和卵细胞（生殖细胞）是基因在亲子代间传递的桥梁。

4. 正在分裂的细胞核中，有许多能被碱性染料染成深色的物质，称为染色体。染色体是遗传物质的载体，主要由 DNA 和蛋白质构成。DNA 是主要的遗传物质，含有许多有遗传功能的片段，称为基因。

5. 在生物的体细胞中，染色体是成对存在的，DNA 分子和基因也是成对存在的，分别位于成对的染色体上。每一种生物细胞内染色体的形态和数目都是一定的，人的体细胞中共有 23 对染色体和 46 个 DNA 分子。

6. 在形成精子或卵细胞的细胞分裂中，染色体都要减少一半，而且不是任意的一半，是每对染色体中的一条进入精子或卵细胞中。当精子和卵细胞结合成受精卵时，染色体又恢复到亲代细胞中染色体的水平，其中有一半染色体来自父方，一半来自母方。

7. 相对性状有显性性状和隐性性状之分。控制相对性状的基因也有显性基因和隐性基因之分，分别用同一英文字母的大小写来表示。具有相对性状的两个纯种个体杂交时，子一代中表现的是显性性状，其基因组成为 Aa（用 A、a 来分别表示显性基因和隐性基因）。在子一代中，虽然隐性基因控制的性状不表现，但它还会遗传下去。

8. 人的性别由性染色体决定的。男性和女性体细胞中的性染色体组成分别为 XY 和 XX。从含有的性染色体来说，卵细胞只有 1 种，只含有 X 染色体；而精子有 2 种，分别含有 X 染色体和 Y 染色体，它们与卵细胞结合的机会均等。因此，生男生女机会均等。

二、生物的进化

1. 生物进化的总趋势是由低等到高等，由简单到复杂，由水生到陆生。

2. 研究生物进化的方法一般用比较法，即根据一定的标准，把彼此有某种联系的事物加以比对，确定它们的相同和不同之处。

3. 生物进化的证据包括：（1）化石是生物进化最直接和最有力的证据。①化石是生物的遗体、遗物或生活痕迹，由于种种原因被埋藏在地层中经过若干万年的复杂变化形成的。②科学家发现，越简单、越低等的生物化石总是出现在越古老的地层里，越复杂、越高等的生物化石则出现在越新近形成的地层里。③郑氏始孔子鸟化石，是爬行类进化成鸟类的重要证据。（2）比较解剖学的证据。如对鸟、蝙蝠、鲸、马的前肢骨和人的上肢骨进行比较，虽有差别，但也有许多共同的特征，说明它们是有共同的祖先进化来的。（3）胚胎学的证据。一切高等动物的胚胎发育都是从一个受精卵开始的，发育初期很相似，这说明高等动物起源于低等的单细胞生物。（4）比较分子生物学证据。亲缘关系越近的生物，其细胞色素 C 和氨基酸相似程度越高；亲缘关系越远的生物，其细胞色素 C 和氨基酸的差别就越大。

4. 生物进化是自然选择的结果。自然选择是指自然界中的生物，通过激烈的生存斗争，适应者生存，不适应者被淘汰的现象。自然选择的过程包括过度生殖、生存斗争、遗传变异、适者生存。

5. 生物是随着环境的不断变化而进化的。有些生物物种因为不能适应变化的环境而绝灭；许多在地球上出现过的生物物种因为遗传和变异适应了变化的环境被保留下来，并没有因为环境的变化而绝灭；在环境变化的过程中，由于遗传和变异的积累会出现新的生物物种。因此，生物的适应和进化造就了如今地球上生物的多样性。

6. 生物的遗传和变异在前，自然选择在后，生物的遗传和变异为生物进化提供了原始材料。生物的变异是不定向的，但生物进化是定向的，生物总是朝着适应环境的方向进化。

附件

生物中考复习案例"人体的呼吸"

【知识体系】

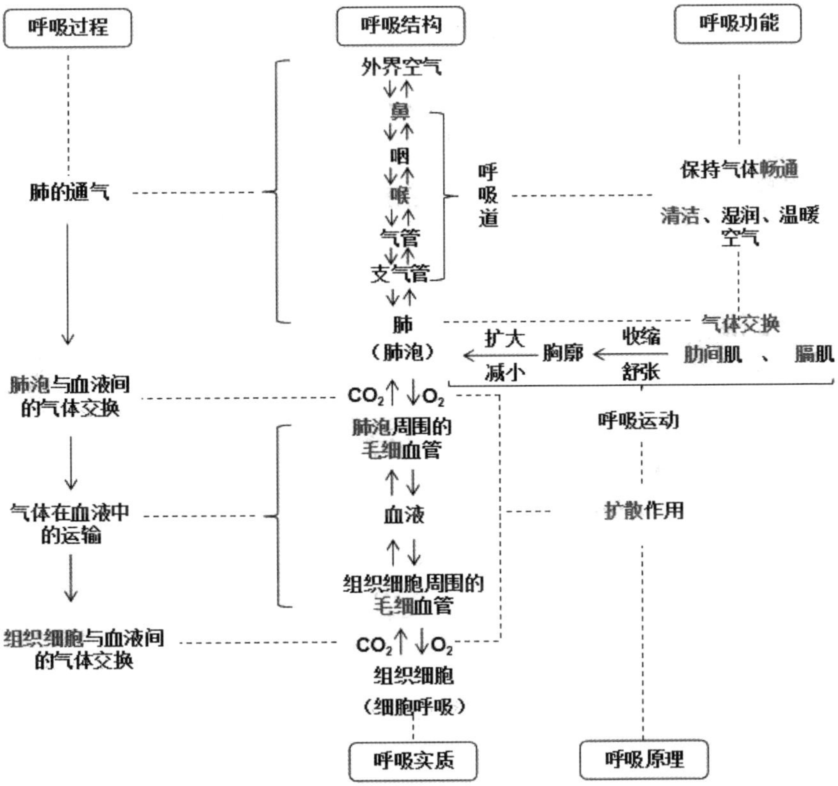

【要点梳理】

1. 呼吸系统的组成及作用

由呼吸道和肺组成。呼吸系统具有与外界进行气体交换的功能。

呼吸道：包括鼻、咽、喉、气管、支气管，是气体进出肺的通道，使肺部气体温暖、湿润、清洁。

（1）鼻：鼻腔的前部生有鼻毛，有阻碍灰尘的作用。鼻腔的内表面覆盖着黏膜，黏膜内含有丰富的毛细血管和黏液腺，黏液腺分泌黏液。可以温暖和湿润吸入的空气。

（2）咽：自上而下与鼻腔、口腔、喉腔相通。食物由口腔经咽进入食道，吸入鼻腔的空气经咽进入气管。咽是食物和空气的共同通道。

（3）喉：既是呼吸通道，又是发声器官。在做吞咽运动时，咽与喉上提，会厌软骨盖住喉口，防止食物进入喉腔。呼吸时，会厌软骨像抬起的盖子，使空气畅通无阻。有人边吃饭边说笑，在吞咽时会厌软骨来不及盖下，食物进入气管，就会引起剧烈的咳嗽。

（4）气管和支气管：气管下端分成两个支气管，气管和支气管的管壁中排列着一些半环状的软骨，有支架作用，且有弹性，使气管保持开放状态而管壁不致坍陷，从而保证气流畅通无阻。气管内壁有纤毛上皮，纤毛向咽喉方向不停地摆动，可将吸入的灰尘、病菌与黏液一起送到咽部，并通过咳嗽排到体外，这就是痰。痰中含有大量的病菌等，呼吸系统传染病(如流行性感冒、肺结核、肺炎)的病原体，都可以通过痰进行传播。因此.我们要养成不随地吐痰的习惯。

（5）肺：肺位于胸腔内，左右各一个，共五叶，左二右三，是呼吸系统的主要器官，是气体变换的场所。

2. 呼吸运动的过程和原理

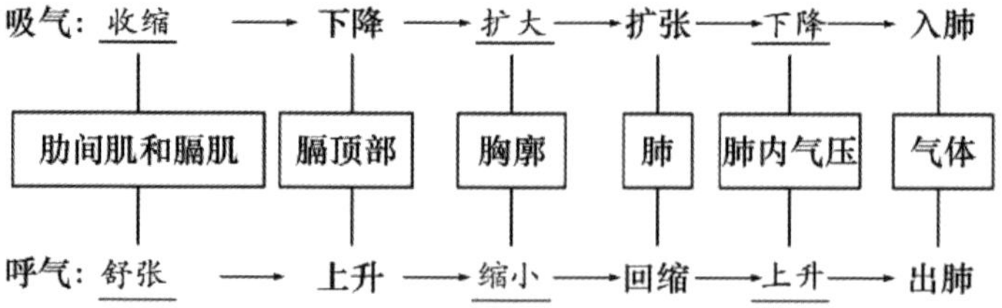

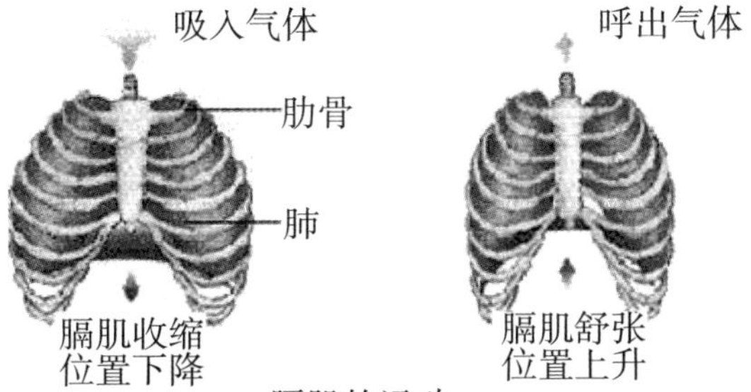

膈肌的运动

3. 肺适于气体交换的特点

①肺泡数量多，气体交换面积大。②肺泡外包绕着许多毛细血管和弹性纤维。③肺泡壁和毛细血管壁均只由一层上皮细胞构成，有利于肺泡和血液进行气体交换。

4. 呼吸的意义

人体通过呼吸，外界的氧气进入组织细胞，组织细胞利用氧气分解细胞内的有机物，产生二氧化碳和水，同时释放能量，即有机物 + 氧→二氧化碳 + 水 + 能量。能量供给人体进行各项生理活动以及维持体温等，产生的二氧化碳则通过呼吸排到体外。

【疑难解析】

1. 无论是吸气还是呼气，在结束的一瞬间，肺内气压都等于外界气压。

2. 平静呼吸时，吸气是主动的，呼气是被动的。深呼吸时，吸气和呼气都是主动的。深呼吸时除了胸部肌肉参与活动外，腹部的肌肉也参与了活动。

3. 呼吸的全过程：人体呼吸是指人体与外界进行气体交换的过程，它包括互相联系的 4 个环节如下图，其中肺的通气是通过呼吸运动实现的，肺泡与血液之的气体交换、血液与组织细胞之间的气体交换都是通过气体扩散作用实现的，气体在血液中的运输是通过血液循环实现的。空气中的氧气必须经过 4 个过程才能到达组织细胞，人体排出的二氧化碳是由组织细胞产生。

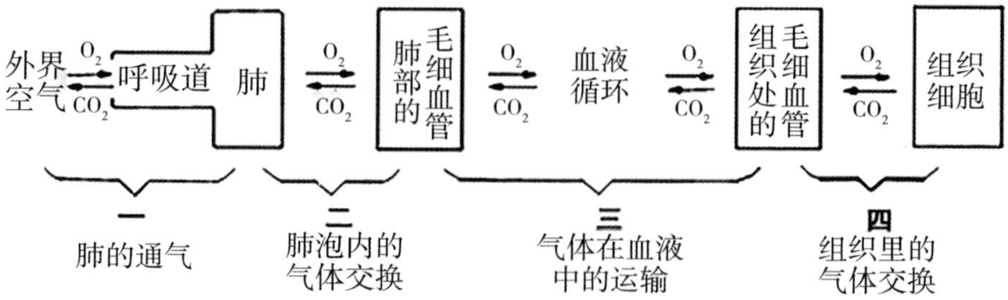

【基础训练】

1. 使吸入的气体变得清洁的结构有 ( )

①声带 ②气管、支气管内表面的纤毛 ③ 鼻黏膜 ④会厌软骨 ⑤鼻毛

A. ①②③ B. ②③④ C. ②③⑤ D. ①④⑤

2. 下列关于肺泡适于气体交换的结构特点的叙述，不确切的是 ( )

A. 肺泡外包围着丰富的毛细血管 B. 肺泡壁是一层上皮细胞

C. 毛细血管壁也是一层上皮细胞 D. 肺泡壁是由软骨支撑

3. 呼吸肌舒缩的结果实现了 ( )

A. 肺泡内的气体交换 B. 肺的通气

C. 组织里的气体交换 D. 体内的气体交换

4. 一般情况下，人在体育运动时会出现的现象是 ( )

A. 呼吸深度和呼吸频率都会加深 B. 呼吸比较深，呼吸频率不变

C. 呼吸深度和呼吸频率都不变 D. 呼吸比较浅，呼吸频率增加

5. 向澄清的石灰水中吹气，要证明的是人体呼出的气体 ( )

A. 含有较少的氧气 B. 含有较多的二氧化碳

C. 含有较多的氧气 D. 含有较少的二氧化碳

6. 人们能够发音是因为呼气时，从肺部呼出的气流震动了 ( )

A. 鼻 B. 咽 C. 支气管 D. 声带

7. 在做胸部的 X 光检查过程中，医生要求你吸气后闭气不动，吸气过程中你的肋骨和膈的运动方式是 ( )

A. 肋骨上举，膈舒张而上升　　B. 肋骨上举，膈收缩而下降

C. 肋骨下降，膈舒张而上升　　D. 肋骨下降，膈收缩而下降

8. 肺的变化与呼吸的关系是（　　）

A. 肺扩张引起呼气　　B. 肺收缩引起呼气

C. 吸气引起肺扩张　　D. 呼气引起肺扩张

9. 关于呼吸作用不正确的叙述是（　　）

A. 吸入氧呼出二氧化碳　　B. 可以维持体温恒定

C. 维持各种生命活动　　D. 为生命活动提供动力

10. 氧气从肺部扩散入血后，绝大部分（　　）

A. 与静脉血结合　　B. 与动脉血结合

C. 与血红蛋白结合　　D. 与白细胞结合

11. “啪”我诞生了。你知道我是谁吗？我的母亲是气管，它用纤毛分泌出的黏液，黏住了空气中的灰尘和细菌后，用像手一般的纤毛包住我向咽喉推动，人们一咳嗽我便来到这个陌生的人世间。你可别小看我，我身上的细菌可以让人们得很多种病：流感、肺炎、白喉、百日咳……我是______。

【拓展应用】

1. 呼吸运动包括吸气和呼气两个过程，它们的完成依赖于（　）

A. 肺的主动扩大和缩小　　B. 胸廓的扩大和缩小

C. 呼吸道的扩大和缩小　　D. 气体分子的扩散

2. 人体内有许多结构适于保证呼吸时气流通畅，下列哪项与这一功能不相符（　）

A. 胸骨和肋骨对胸廓支撑　　B. 鼻腔有骨和软骨支撑

C. 气管有软骨支撑　　D. 肺泡外有丰富毛细血管

3. 呼吸道不仅是气体的通道，还能够使到达肺部的气体（　）

A. 温暖　　B. 湿润　　C. 清洁　　D. 以上三项都正确

4. 下图中能正确模拟吸气时肺和膈肌活动情况的是（　）

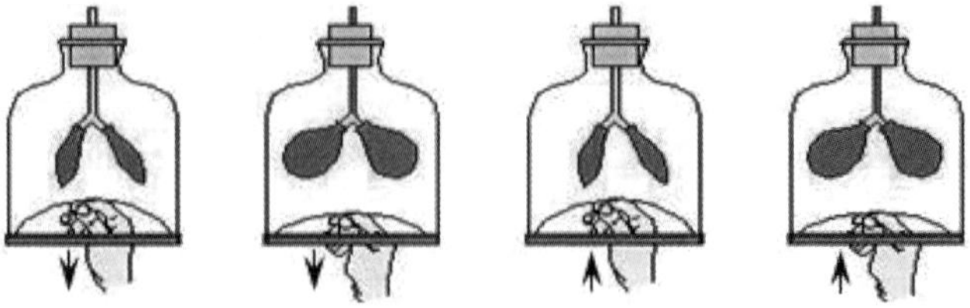

5. 人的肺适合进行气体交换的结构特点，不包括 （ ）

A. 肺泡微小，但数量众多　　B. 肺泡外有丰富的毛细血管

C. 肺在胸腔内左右各一个　　D. 肺泡壁很薄，由一层上皮细胞围成

6. 人体进行呼吸作用时会呼出大量的二氧化碳，体内的二氧化碳产生于 （ ）

A. 组织细胞　B. 血液　C. 肺泡　D. 气管和支气管

7. 俗话说“食不言，寝不语”，吃饭时不要大声说笑的原因是 （ ）

A. 避免食物误入气管　　B. 避免声带受损

C. 避免唾液分泌过多　　D. 避免消化器官血量少，影响消化

8. 肺泡内的气体进入血液，需要经过几层细胞 （ ）

A. 一层　B. 二层　C. 三层　D. 四层

9. 经常参加体育锻炼或适宜的体力劳动会使 （ ）

A. 肺泡的数目增多　　B. 呼吸肌的数目增多

C. 呼吸的频率增多　　D. 参与呼吸的肺泡数目增多

10. 为了保持生活环境中的空气的新鲜和清洁，下列哪项做法不可取 （ ）

A. 绿化环境

B. 保持室内空气流通

C. 室内多放些绿色植物

D. 保持环境卫生和个人卫生。

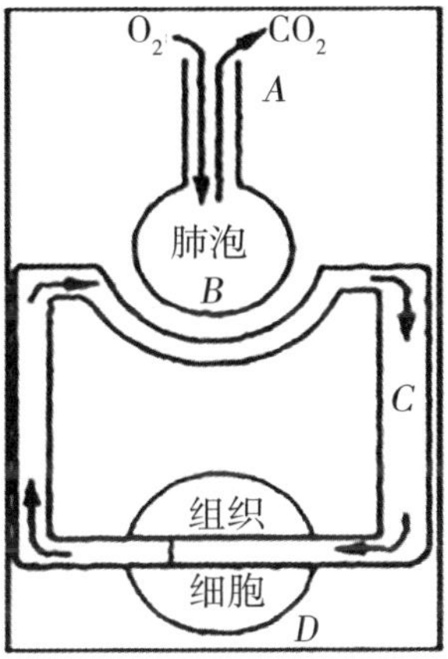

11. 右图是人体呼吸过程的示意图，请据图回答下列问题：

（1）肺泡内的气体交换是：血液中的______进入肺泡，肺泡内的______进入血液。肺泡内进行气体交换后，肺泡内的气体是______（填“空气”或“混合气体”）。

（2）组织里的气体交换是：血液中的______进入细胞，细胞里的____进入血液。

（3）人体内的这两次气体交换都是通过____来实现。

（4）溺水常导致人死亡，你认为导致人死亡的原因有______（合理即可）

12.（2017·北京调研）人体每时每刻都通过呼吸系统与外界进行气体交换。在此过程中，多种病原微生物和颗粒性物质会随着空气进入呼吸道和肺，威胁人体健康。

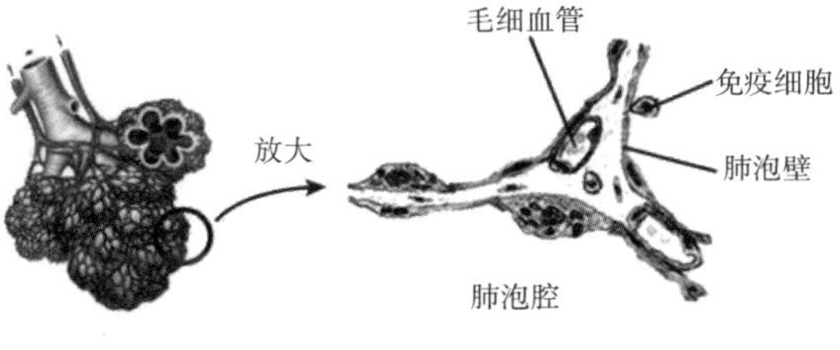

图1　　　　　　图2

（1）呼吸道内表面黏膜分泌的黏液，可使到达肺部的气体更加温暖、______和清洁。

（2）吸气时，肋间肌和膈肌______，胸廓扩大，胸腔的容积增大，肺内的气压______大气压，外界气体进入肺。

（3）图 1 为肺泡结构示意图，图 2 为肺泡的局部剖面图。据图可知，肺泡外包绕着毛细血管，____________都很薄，由一层细胞构成，有利于肺泡与血液进行气体交换。进入血液中的氧气与红细胞中的______结合，通过血液循环被输送到全身各处的组织细胞。

（4）虽然肺时刻与外界空气接触，但炎症却很少发生。据图 2 可知，健康人肺泡内有 ______ 细胞，有助于抵御病原体侵染。

【科普阅读】

“你可以选择不喝酒或者不抽烟，但无法控制你是否暴露于空气污染中。”哈佛大学公共卫生学院教授多米尼奇坦言。若量化到每人，大气污染的致癌概率不高，但危害在于难以完全避免这种可能。国际癌症研究机构审议来自全球五大洲研究机构的 1000 多篇最新论著后，认定报告结论适用于全球所有地区，且接触颗粒物和大气污染的程度越深，患肺癌的风险越大。此外，报告还提出人们面临的大气污染威胁近年来“显著加大”。在人口密集且工业化发展迅速的地区问题尤其突出。近年来，PM2.5 深受人们的关注，它指空气中可以深入肺泡的直径小于 2.5 微米的细颗粒物，该颗粒物在空气中的显著增多，引起了人们对呼吸系统健康的关注。

（1）PM2.5 被吸入的过程中，需要经过呼吸道的鼻、______、______、______、______ 等结构，才能到达肺泡。

（2）人在呼吸时，肺泡中发生气体交换。具体来说，肺泡中的 ______ 透过肺泡壁和毛细血管壁进入血液；同时血液中的 ______ 也通过毛细血管壁和肺泡壁进入肺泡，随呼气过程排出体外。

（3）课间操、慢跑等运动是同学们常做的有氧运动。与安静时相比，有氧运动时同学们的耗氧量会 ______（填“增加”“减少”或“不变”），相应地吸气量会 ______。因此当 PM2.5 污染严重时，应 ______ 户外运动量，以减轻 PM2.5 对人体健康的危害。

第五部分

成长篇

修炼密码

密码一：生物教师的成长需要不断学习。大学里学到的生物学知识、教育教学理论是教师成长的基质，教师要发展还必须坚持学习一线教育专家的思想，学习新课程理念，学习优秀教师的成功案例，积极参加国培计划、现代教学技术等各类培训，保证教育教学的与时俱进。

密码二：生物教师的成长需要不断研究。在教学实践中，教师需要不断研究课程标准、教材教辅、教法学法、大概念教学、实验设计、实践课程、学业评价、中考备考、学段衔接等，才能加快生物教师修炼的步伐，促进教师快速成长。

密码三：生物教师的成长需要经常反思。华东师范大学叶澜教授说“一个教师写一辈子教案不一定成为名师，如果一个教师写三年教学反思则可能成为名师”，高度强调了教学反思对教师专业成长的重要性。反思课堂教学、反思实践活动、反思课程育人、反思集备教研、反思中考备考、反思课题研究、反思论文写作等，通过反思，探索和创新不再是难事，教师的成长将水到渠成。

密码四：本篇收录了作者基于自身成长经历撰写的《生物教师成长的基本途径》《教辅编写助我专业成长》《植物带给教育的启示》《中小学教师如何撰写教学论文》等多篇文章，为生物教师的成长提供了具体的路径。

生物教师专业成长的基本途径

生物教师专业成长的途径有很多，每位生物教师成长的历程和体会也各不相同，但总结诸多生物名师成长的经历，还是可以总结出一些基本规律的。笔者根据自己35年成长的亲身经历，总结出了生物教师成长的基本途径，希望能够对广大生物教师的成长有一定启发。

一、读书学习

入职前在大学里主要学习的是生物专业知识和教育教学理论，这是教师成长的基础。一位生物教师入职前的学历，只是一位生物教师从事生物教学的基础，并不意味着具备了从事生物教学的全部知识和技能。教育理论、教育政策、名家著述、优秀课例、教辅材料、学科进展、教法研究、信息技术、教师成长、社会科学等领域的知识，都是生物教师成长过程中所需要的，都要认真学习和吸纳。时代在发展，教育在进步，入职后的生物教师要勤于读书，善于学习，乐于动脑，精于钻研，敢于创新，勇于质疑；通过不断地读书学习，与时俱进，跟上教育发展的步伐，实现自身的快速成长和发展。

二、研读课标

课程标准是教学评的根本遵循和依据，作为生物教师首先要将生物课程标准研读明白，研究透彻。生物课程的性质是什么？遵循什么样的课程理念？课程要达到什么样的目标要求？课程的基本内容和学业要求是什么？学业质量要达到怎样的标准？课程实施过程中对教学和评价有何建议？课程资源如何开发和利用？对课程标准的这些内容研读清楚后，生物教学就有了目标和方向，教学设计就有了可供遵循的依据，就会克服生物教学中的盲目性和随意性，更好地完成教学任务，达成教学目标。

三、吃透教材

入职前在大学里学习的生物学课程远比中学生物教材深，这是生物教师教学“深入浅出”的需要。在不同的学段，根据学生的认知特点和不同地域学生的实际情况，哪些内容需要讲，讲到什么深度？如何把握不同学段学生对生物学知识和能力掌握的度，是新教师面临的比较棘手的问题。教材是依据课程标准要求编写的，符合各学段学生的认知水平，是学生学习参考的主要材料。作为生物教师只有反复研读教材，甚至使用几遍以后，才能真正吃透教材，准确把握每一个知识点、能力点的学业要求和育人价值，从而科学的设计教学活动，解答学生疑问，准确地对学生进行学业评价。由于每一个学生对生物学的学习都是在自身认知基础上逐渐建构的过程，生物教师在吃透教材的同时，还要深入了解学情和学生对相关生物学知识的认知基础，阅读相关教学材料，为不同学段的学生健康成长答疑解惑，解答学生自身成长和生活中可能遇到的生物学问题。

四、精通教学

生物教师研究透了课程标准和教材，并不等于就可以顺利的实施教学。教学实施是一个系统工程，除了熟练课标和教材外，课堂教学的引入、教学活动的组织、教学流程的设计、教学方法的选择、教学语言的精炼、辅助手段的应用、学生思维的调动、分组教学的实施、课堂生成的反馈、学习成果的展示、所学知识的巩固、知识能力的延伸、教学评价的落实、知识体系的建构、课后作业的布置等，都是一堂好课所要充分考虑的。对于生物教学的精通，需要学习和培训，更重要的是在课堂教学实践中自我感悟和自我调整，慢慢达到课堂教学思路清晰、教学相融、思维活跃、全员参与、教法灵活、驾驭自如的境界。教学有法，而无定法，对于不同的学生、不同的内容，教学方法肯定是不相同的，生物教师只有掌握了多种多样的教学方法，才能将不同学情、不同内容、不同课型的课堂都上得充满魅力，较好的完成教学的目标和任务。

五、探究实践

2022年版《义务教育生物学课程标准》将“生物学与社会·跨学科实践”单独列为一个主题，充分体现了探究实践的重要性。学生的探究实践能力培养，除了在课堂中关注实践体验、重视学生参与、选择真实情境、进行探究实验、解决实际问题外，更重要的是通过探究实践活动，培养学生解决真实情境中问题或完成实践项目的能力与品格。这就需要生物教师在探究实践活动设计中，注重培养学生发现问题或提出任务、制订方案、实施方案、获得证据或形成初步产品、分析证据或改进设计、得出结论或物化成果、进行表达、交流或展示等方面的探究实践能力。同时通过跨学科实践扩展学生视野、增强学生运用多学科知识解决综合性问题的能力。比如北京实验学校初中生物学科组经常进行的植物栽培实践活动、开设的生物小制作和米酒制作校本课程、水稻插秧学农实践活动、参观自然博物馆等都是很好的探究实践活动。

六、磨课赛课

教师教学水平的提高最重要的是在不断学习的基础上，在教学实践中感悟和反思，但这种学习、感悟和反思需要一定的过程，因为缺乏名师指点，水平提升具有很大的局限性。一名教师教学水平的突破性提升，还有赖于各级教学名师的指点，而磨课赛课就是一位教师深入接受各级名师指点的最佳时机。磨课赛课的过程就是一个不断吸收提高的过程，通过磨课赛课可以将各级名师的教学理念、教学方法、教学智慧吸收内化，让自己博采众长。通过一次次磨课赛课，当事人会经受空前的煎熬和痛苦，这种煎熬和痛苦正是自身对课堂教学进行自我革命的过程。经过自我革命的洗礼，教学的水平就不再是自己原有的水平，而是吸收了一所学校乃至一个市区顶级名师的教学智慧，教学水平也就提升到了一个学校乃至一个市区的顶级水平和境界。

七、中考备考

教学质量是检验一名教师教学水平的主要指标，教学质量的提升是一名教师成长的显著标志。对于义务教育阶段的生物教师来说，最有说服力的就是初二生物结课后的学业水平考试。因为在大部分地市，学业水平考试既是义务教育阶段生物学课程的毕业考试，也是高一级学校作为招生依据的选拔性考试，格外受到学校领导、家长和社会的关注。因此，做好中考备考，在中考中取得好成绩对一名生物教师的成长非常关键。笔者认为，抓好平时每一堂新授课的教学，培养学生扎实的生物学核心素养是中考成功的基础，系统科学的策划中考备考复习是中考成功的关键，做好答题技巧和中考考前的指导是中考成功的必要条件。真正高水平的生物教师是“不为中考，赢得中考”，也就是通过有趣的生物观察、制作、实验、参观等活动，提升学生的生物学核心素养，不为考试，但可以最终在中考中取得优异成绩。按照 2022 年版新课标的要求，学业水平考试要考出学生的学科核心素养，考出学生在真实情境中解决实际问题的能力，通过重复训练的办法进行中考备考将是行不通的。

八、研修培训

教师入职以后，研修培训就成为一种学习充电和学科教研的重要形式。如北京市海淀区每周半天的学科教学研修，针对本周或下周学科教学内容进行教材教法解读，展示研究课或请专家做专题报告，对新入职教师的生物教学和专业成长有很大帮助；再如全国各地教育部门组织的为适应教育信息技术发展而进行的信息技术研修培训，为广大中小学教师适应多媒体和线上教学打下了坚实的基础；从 2010 年开始的新一轮中小学教师“国培计划”，有理论、有实践，分国家级和省级在不同层面推进，覆盖面较广，对于开阔教师视野，提升教师水平起到了积极作用。作为研修培训的组织者，研修资源都是在充分调研的基础上，有针对性的设计开发的；作为生物教师，不论处于什么成长阶段，都应该珍惜研修培训的机会，积极参与各类研修培训，促进自身专业水平的全面持续提升。

九、教学反思

教学反思是教师专业成长的重要法宝，是来自实践的观察、思考和感悟，是研究教学、享受教育时迸发出的火花，会让教育者的生活变得绚丽多彩。作为一名生物教师，一定要不断地对教学设计、教学实施、学生管理、作业设计、学生评价、实践活动等各种教育教学工作进行反思。通过反思，总结强化好的经验和做法，找出失误和不足，思考有无更好的解决办法，久而久之，教学水平就会在不断地反思中得到螺旋式提升。反思是一面镜子，能映出光彩，也能照出瑕疵。通过反思，教育教学中的经验得以推广，成功的教学案例得以积累，教育教学中的疏漏得以弥补，有价值的感悟得以发表。因此，教学反思在教师成长的过程中至关重要，否则，造成的损失将是难以估计和补救的。

十、师徒共进

刚入职的生物教师会遇到很多在大学里没有接触过的工作，如实战性的学生管理、家校协同和家校沟通、基于学情的课堂设计、重难点突破设计、分层教学设计等等。为了让新入职教师尽快适应岗位工作，学校一般会给新教师找一位师傅，传授教学经验，随时解答教育教学中的问题和困惑。工作中的师徒结对对新教师而言，是教师成长的珍贵资源，利用得好，可以在较短的时间内适应教育教学工作，走好教师成长的第一步。作为师傅而言，师徒结对也是一个进一步成长的机会，老教师虽然有经验，也会从徒弟那里弥补一些自己的短板，比如最新多媒体技术的应用、最新的生物学进展、最新的教育发展趋势等。师徒同心同德，取长补短、互帮互助，既有利于新入职教师尽快适应教学工作，也有利于老教师的进一步专业成长，是新老教师师徒共进的良好契机。

十一、编写教辅

教辅是教学辅导书籍的简称。一名生物教师入职以后，除了使用课程标准、教材和教师用书以外，一般学校还会配发 1—2 本的教辅书，作为老师教学的参考资料。目前，生物学科的教辅书籍，除了编写教材的出版社编写配发以外，很多出版社也会出版一些全国各地一线学科名师编写的教辅书籍，因为一线名师更加掌握学情，对学科教学更加熟悉，知识要点把握更加准确，使用更加方便，很多教辅书籍受到一线生物教师和学生的热烈欢迎。一名生物教师在入职几年后，对教材教法已经很熟悉，积累了一定的教学经验，如果有机会可以试着编写教辅书籍。教辅书籍的编写因为市场的竞争需要最新的教学理念，需要吻合学生生物中考备考的需要，知识体系、要点梳理、疑难解读、分层训练、中考真题等栏目的编写，需要教师对生物学科的课程标准、教材重难点、考查能力点、中考试题等的研究和把握，达到炉火纯青的地步，如果能成功主编或参与编写一本好的教辅书籍，对于一位生物教师教学水平提升的程度不亚于送几届毕业班。

十二、撰写论文

撰写论文是教师取得教学成果和专业成长的一种重要手段。生物教师在入职一段时间，有了一定的教学体会和经验后，就可以将自己生物教学的经验或在某一方面研究的成果撰写成论文，参加教育主管部门组织的论文评选或向报刊投稿，从而收获教学成果。撰写论文要注意参评或投稿的要求，内容、格式等只有符合参评和投稿的要求，才容易成功；撰写论文一定要做有心人，要善于在工作实践中发现问题、捕捉问题和思考问题，从而找到写作的素材；最初撰写论文要注意选题切口要小，这样更容易取得成功，在取得一定的论文写作经验后，再写作大的选题；教学实践的需要是教学研究和论文撰写的出发点和落脚点，源自教学实践的教学论文才有教学实践的推广应用价值；撰写教学论文不可能一蹴而就，发现的有价值的问题经过经常用心思考、观察和记录后，思路就会逐渐清晰，就会找到圆满系统化的解决方案，从而形成实实在在的教学成果。

每位生物教师成长、学习、工作的环境各不相同，但每个人成功的机会是均等的，总是以同样的概率存在于每个人的身边，抓住机会和主观努力是生物教师成长的“不二法宝”，希望每位生物教师都能够在自己的成长过程中，克服功利心态，抓住一切机会，实现自己专业的持续成长和发展。

教辅编写助我专业成长

1996年我主编了《生物学能力培养与训练》一书，1998年开始参与了4册山东省中小学大面积提高教学质量实验与研究用书《初中生物教学指导书》的编写工作，2007年开始应邀主编12册教辅图书《初中生物金榜学案》和教师用书。我对教辅图书编写有着深厚的感情，编书既充实了我的业余生活，也使我对教材和教法有了更深入的研究，并了解到生物教学的一些前沿信息，学到一些管理方面的先进理念和做法。参加教辅图书编写不到3年时间，图书公司让我两次在编务大会上发表演讲，使我对编书和编书促进教师专业成长有了更深入的思考。

做一个编书人首先要喜欢书，乐于与书打交道。我就是这样一个人，读书、教书、编书、写书，是我生活的主要内容。

教辅编写要以研究教材教法和满足读者需求为目的，实现自身提升和图书公司合作的双赢。中小学教师是清贫的职业，通过教辅编写，可以获得一定报酬补贴家用。教辅编写的过程是对教材和教法进行研究和创新的过程，是提升教学境界和完善自我的过程，是教师专业成长的重要途径。编书就是做学问、做研究，教辅编写在成就无数学生的同时，也提升了我们的教学水平。我们也许能感觉到，在教辅编写的过程中，我们对教育教学的认识境界、教学水平和艺术悄悄得到了提升。编过教辅书的人都有这样的感受，编一遍教辅书比备一遍课的效果要强许多倍，随着对教材教法研究的不断深入，我们上起课来也会更加得心应手。

那么，如何编好教辅书，如何借助编写教辅书更好地促进我们的专业成长呢？

第一，用心是编好教辅书的关键。用心体现在以下四个方面：（1）吃透编写体例和要求，拿不准时随时对照，防止思路上出现偏差。（2）平时注意积累琢磨，结合教学实践编写出一些原创性的东西来，既促进了教学，又提高了稿件的质量。（3）参考教学刊物上的一些教学研究论文、案例和成果，应用到教学上，体现到稿件中，让我们编出的书有新意，上出的课有创新。（4）编写教辅书和写文章一样，灵感是思路的源泉，没有灵感和思路是编不出高质量教辅书的，编教辅书切忌赶进度，思路成熟了，有灵感了，才能落笔。

第二，处理好编写教辅书与学校工作的关系。学校工作是我们的主业，是立身之本；编教辅书是第二职业，是生活的点缀和教学工作的辅助。我们要妥善处理教辅书编写与学校工作的矛盾，处理好了，两者会相互促进，处理不好会相互影响。在正常工作时间，我们要把学校工作高质量地做好，教辅编写宜在晚上、星期天、节假日进行，这样，既不干扰学校工作，也能提高编写质量。

第三，教辅编写要熟悉课标和多个版本的教材，备足编写的材料。将课标和多个版本的教材都熟悉了，我们才算真正吃透了教材的知识体系，我从 1988 年参加工作，各个时期、多个版本的大纲、课标、教材都经历过，所以编起稿来才得心应手。磨刀不误砍柴工，每次接到编写任务后，备足并熟悉课标、教参、试题、同类教辅等编写材料，编起稿来既快又能保证质量。

第四，选题要一次选足，分类保存。习题是教辅书籍的重要组成部分，编书时选题要一次选足，写清出处，分课时装入信封备用；如果使用电子稿，可以建立文件夹，分类使用，非常方便。

第五，教辅书稿编完要反复修改。与写文章一样，反复修改才能出精品，书稿一遍做过去，有错误很难感觉出来，如前后的吻合、位置的摆放、试题的重合等，书稿编完后要修改2—3遍。试题创新如果单独作为一道工序，效果会更好。

第六，随着技术手段的发展，现在大部分老师已开始使用电子稿，电子稿方便快捷，大大提高了工作效率和编稿质量。使用电子稿，要熟悉电子稿的基本格式、字体、字号、间距、符号等，尽快形成一种习惯定势，可以避免出错，或少出错。可以建立电子稿题库、材料库，每一年的文件、材料和题库如果按年度分章节和模块保存，会大大方便查阅和编写；我们还可以从网络上搜索储存一些电子报刊、新闻事件、试题集锦、要点剖析等备用，会大大方便稿件的编写。

编写教辅书要与正规知名的图书公司合作。正规知名的图书公司有深厚的企业文化，引领着教辅书业的发展潮流，切合我国教育教学改革的方向。与知名图书公司合作，既可以加强自身的修养，改善自己的内在品质，还可将敬业、求实、高效等优良的作风带到我们未来的人生旅途中，会对我们个人的专业发展产生重要影响。外面的世界很精彩，教辅编写可以为我们打开一扇窗，让我们了解更多的新理念、新信息，让我们看到更高更远的教育世界！

植物带给教育的启示

但凡生命，其成长是有共同规律的。教育的对象是有生命的人，教育就是促进人的健康成长和发展；植物具有生命力强大，根深叶茂，向光生长，顶端优势，自养，种类多样，年轮，坚硬挺拔，花期不一等特点。植物带给教育很多有益的启示。

植物具有强大的生命力。种子是植物幼小的生命体，种子萌发的力量可以顶起土壤中体积和重量超过它许多倍的土块。人们曾经用种子萌发的力量，解决了颅骨分离的难题。与植物种子一样，每一个人都具有强大的生命力和无穷潜能。就像植物生长需要适宜的温度、水分、阳光和养料一样，教育者需要做的，就是给孩子提供适当的成长环境和精神营养，让学生生命中内在的潜能得以开发，让孩子们的生命得以茁壮成长。教育就是通过提供精神营养，开发人的潜能，让每一个生命释放出无限的能量，绽放出自己人生的精彩。

一般来说，树木有多高，树冠就有多大，它的根系在地下的分布就有多深多阔。在土壤贫瘠的地方，根的长度会是地上部分的几倍，条件越艰苦，环境越恶劣，树根就越向大地深处生长。这是根具有向水、向肥性，主动从土壤中吸收水分和养料的一种表现。根深叶茂，由于发达的根系可以从土壤中汲取水分和养料，从而保证了植物枝叶的繁茂生长。人的成长和植物生长一样，只有根深才能叶茂。人的成长包括身体和精神的成长，身体的成长需要一日三餐提供足够的食物和营养；而精神的成长则需要学习和吸收人类几千年来积淀的厚重文化和人类文明，精神营养需要通过对知识的兴趣、学习的渴求和坚强的意志这些发达“根系”去吸收，人一旦具备了发达的“根系”，就扎下了人生发展的深厚根基，就可以主动汲取人类积淀的丰富知识和营养，从而茁壮成长。

植物具有向光生长的特性，没有一种植物向着黑暗生长，躲避光明。植物的向光性保证了植物能够最大限度地吸收到阳光，满足光合作用和植物生长的需要。人的成长也需要向光性。老师、家长的引领与教导，身边的榜样，名人传记，励志故事，正确目标的确立，等等，都是人生成长中的阳光。这些阳光会给予我们成长的动力和信心，激励我们朝着既定的目标前进，使我们的精神变得充盈、丰实，积蓄我们自身成长的动力，还能增强我们在成长路上克服一切困难的勇气和信心。人要快速成长，就必须善于发现人生成长过程中的正能量，主动沐浴成长的阳光，激发自身成长的自觉，让自己的内心始终阳光向上。

大树都是先长主干再长侧枝，没有一棵大树先长侧枝，再长主干，这是大树的顶端优势保证了大树能够成材。因为只有一直向上生长，大树才有更大的生长空间。有些植物我们要人工剪去侧枝，也是为了帮助大树成材。人自身就有一种积极向上的力量，这就是人成长的顶端优势。我们要强化和壮大这种自身成长的顶端优势，同时，教育有引导和修剪侧枝的功能，我们要听从家长和老师的教导，配合剪掉影响自己成材的枝丫，保证自己正确的成长方向，给自己更大的成长和发展空间。

植物不需要摄取现成的有机物，而是通过光合作用，利用光能和吸收来的二氧化碳、水、无机盐自己制造有机物来生活，这种营养方式在生物学上叫自养。自养可以摆脱植物对有机物的依赖，从而具有顽强的生命力。人在成长过程中，要想具备发展的后劲，减少自身发展的局限性，就要学会自养的本领，也就是增强自身吸收转化知识和发明创造的能力，而不是只会利用别人的研究发明成果。具备“自养”能力的创新人才永远不会被社会淘汰，具备创新能力的民族，才能永远在世界上立于不败之地。

植物的种类多种多样，不同的植物具有不同的种质，适合不同的生长环境。教育的对象同样是千差万别，存在巨大的个体差异，一刀切的统一课程和教学模式是不适合所有学生的。我们要尊重学生的个体差异，进行因材施教，探索学生多样化、特色化、个性化培养的方式方法。如进行差异化教育和分层次教学，根据学生差异和特长开发不同课程，探索“选课走班教学”的育人机制等，从而给孩子提供足够的个性化发展空间。

大树的年轮镌刻着成长的历史印记，记录着成长历程中气温、湿度等环境变化和成长的轨迹，大树成材就是通过长期的积淀，使自己不断变得丰实厚重的结果。人的成长与大树一样，需要通过知识、经验、阅历的不断积累，使自己不断变得厚重，最终自然会厚积薄发，成就一番事业。岁月的年轮就是人成长的足迹，在不断的积累中，人会变得博大精深、充满智慧，最终成为社会的栋梁之材。

大树高耸挺拔，上好的木材经久耐用，一定是千百年来久经风雨磨砺，接受风霜雨雪洗礼的结果。正是无数次的经风霜，历雨雪，才使它具有了坚硬的木质部，练就了坚韧挺拔的品格，最终成就了大树。人要成长为挺立于世间的有用之才，也必须具备坚韧的性格，吃苦耐劳的精神，经得起风雨的洗礼，坚守“任你风吹雨打，我自岿然不动”的信念，练内功，形成定力，才能挺立在人世间，做出一番事业和成就。

花并不是都开在春天里。迎春花开于早春，菊花盛开于晚秋，腊梅怒放于严冬，任何一种植物的生长都需要一定的时间，种子种下去不可能马上就生根发芽、开花结果。每种植物生长都有自身的规律，开花结果都需要一定的时间。植物经过一定的时间，到了一定的季节，自然就会开花结果。人的成长与植物生长一样，有快有慢，有早有晚，不同人有不同的成长规律。我们要客观看待孩子成长和发展的个体差异，克服急功近利和急于求成的心理，给孩子足够的时间，用足够的耐心静待花开，静待孩子的成长和成功。

（原文刊载于《教学与管理》2015 年第十二期）

中小学教师如何撰写教学论文

中小学教师是长期从事一线教育教学的职业，在教育教学实践中可以产生一些原生性的经验和可以推广的成果。教学论文因为可以通过期刊、网络等媒介广泛传播，并被中小学教师群体和一些专家学者学习、查阅或引用，因而成为推广教育教学经验和成果的重要手段。撰写教学论文就是让教师从研究者的角度审视教育教学，使教师对教育教学的理解产生质的飞跃。但中小学教师从事的是教育实践，没有教育专家进行科学研究的系统性和严密性。同时，撰写教学论文也是中小学教师不断积累经验、提升自我的重要手段，对于中小学教师的专业发展具有重要意义。

一、教学论文的基本构成

一篇正规的教学论文一般由标题、署名、摘要、关键词、正文（引论、主论和结论）和参考文献组成。以上是教育科研论文的完整构成，如果是一般的教育随笔，格式可以简单些，将要表达的意思表达清楚即可。

1. 标题。既可以是点明自己的观点，也可以交代研究话题的范围。标题要尽量简洁又吸引人，“题好一半文”，如果你想让读者产生强烈的阅读欲望，就首先要在标题上下功夫，让题目有一定的创意。

2. 署名。一般包括作者的姓名和工作单位。如果是投稿，就要根据刊物的要求确定字体、字号、邮编、城市等署名标准。

3. 摘要。内容摘要是文章的论点和主要观点。正式或者偏长的论文一般要写内容摘要，这一部分也是决定读者是否进一步阅读的关键，既要保证重点突出，又不能拖泥带水，语言要简明扼要。

4. 关键词。能反映论文内容的核心词语，一般 3—5 个，中间用分号分隔开。

5. 正文。

（1）引论。可以看作是论文的第一段，有时可以有个小标题。这部分主要交代论文研究的目的、原因、前人的研究情况，自己课题研究的主要问题等。这一部分相当于前言的内容，语言要严谨准确，简明扼要，让读者对课题的总体状况有个大致了解。

（2）主论。是教学论文的主体部分，这部分首先要分条缕析，结构清楚，无论是总分式还是并列式，还是层递式，都要有分论点的统筹，然后再用丰富的材料去证明，用严密的说理去论证。因为这部分是“猪肚”部分，大家要在这部分多用心，写出“人无我有、人有我精”的内容来。

（3）结论是对全篇的总结，水到渠成地重申自己的论点，猝章显志，最好讲究一下文采，给读者留下回味悠长的感觉。

6. 参考文献。注明论文中所直接提到或引用的资料及所参考的文献；引用别人原话或原文时还需注明出处，以便查找。这样做，主要是反映作者的科学态度和求实精神，表示作者对他人成果的尊重。也反映作者对本课题的历史和现状研究的程度，便于读者了解该领域的研究情况、评价论文的水平和结论的可信度。

二、教学论文选题的确定

首先，论文选题确定可以从“五处”入手。即从“长处”入手，围绕自己熟悉的领域、长期关注的问题和自己特长所在选材；从“乐处”入手，围绕自己喜欢感兴趣的话题和选材，不吐不快；从“苦处”入手，围绕教育教学中难以突破、困扰自己的问题选材；从“恨处”入手，围绕工作中遇到的或观察到的痛恨的问题来选材，爱之深恨之切，目的是为了解决问题；从“盼处”入手，期望在哪些方面有所改进，引领教育教学改革发展的趋势。

其次，论文选题确定要符合“六特点”。即选题要“真”，来自实践的真问题，而非伪命题；选题要“适”，选题大小合适，不贪大求全；选题要“深”，要有前瞻性和引领性，有一定深度；选题要“新”，选题要有创新性，不能拾人牙慧；选题要“热”，选题要是大家关心的热点话题，不能太小众化；选题要“近”，选题要贴近自己最近发展区，能吼得住。

最后，要确定论文选题的核心观点。核心观点决定一篇论文的价值，是一篇论文的灵魂所在。报纸杂志的文章，篇幅有限，重在核心观点。核心观点要先想清楚，不能边写边想，没有核心观点或者核心观点不明晰的，文章注定就是东拼西凑。核心观点可能需要想几个月，是长期思考酝酿和顿悟的结果，而成文往往只需要一两天。

三、教学论文题目的撰写

题目是一篇文章最醒目的部分，我们阅读一篇文章，首先注意到的就是文章的题目，通过题目可以了解文章说明的主要方向和内容，因此题目的撰写是至关重要的。论文题目字数最好不要超过 20 个字（说不太清楚时，可以增加副标题），题目通常都是非常简短的，过长的题目会显得啰唆，给读者留下不好的印象，如何用简短精练的文字充分体现文章的核心内容呢？这需要作者把握一定的写作技巧。

1. 题目要准确得体。论文题目能准确表达论文内容，恰当反映所研究的范围和深度，不可写得过于笼统，文章与题目要呼应，文要对题，题也要对文，这是撰写论文的基本原则。

2. 题目要简短精练。虽说字数最好不超过 20 字，但不必刻意追求过少的字数，字数应当适当，可以清晰表达文章的主要内容即可，主标题过于简短无法表达清楚论文的核心意思时，也可以用副标题加以辅助。

3. 题目中要包含关键词。为了让文章能很快被搜索引擎所抓取，你写的文章当中一定要包含有关键词，甚至不止一个。

4. 论文题目出彩的四个小技巧。论文标题的撰写，既不能太平淡、太死板，也不能像新闻标题一样太活泛，这类标题往往暗含着一种学术判断; 言简义丰,核心词汇要突出; 尽量不要用“浅谈……”“浅析……”“试论……”“基于……”这样的标题。一个好的题目是可以为文章增光添彩的，好的题目可以吸引读者阅读文章，反之，不好的题目不但不会给文章添彩增色，还会拖论文的后腿，所以在题目撰写上一定要特别注意。同时，也可以在全文写作完毕后再回过头来思考题目的撰写。

四、搭建教学论文的基本框架

写论文就像盖房子，首先要搭建起论文的基本框架。搭建论文框架要思考论文写作的主要目的。如果是解决一个现实的教育教学问题，框架的内容可以是提出问题、分析问题、解决问题。如果是阐释论文各要素之间的关系，框架的内容可以写这些要素是什么，它们之间的关系是什么，什么机制导致它们之间的关系，这种关系的影响是什么，有哪些启示。如果是两者兼而有之，框架的内容可以是问题的提出，论文要素之间的关系，通过何种方式和方法来解决问题。

如果是研究性的教学论文，从关键词就可以看出论文的框架，要分析关键词之间的联系，研究背景和问题之间的关系，如果是申报课题，还要研究所提到的领域和研究主题之间的关系，思考研究方法和研究主题之间的联系，并做好充分的阐释。

好的框架一般需要具备以下几个特点。一是内容完整。设计框架的时候，如果文章内容分为四个大点，就不能在写完一大点之后再写其余三点，要设计完四个大点后，再对每一点的内容进行细化，否则，文章的逻辑性就不严谨。二是前后照应。好的论文框架需要具有清晰的逻辑性和层次性，提出问题、发现问题、解决问题，要有一条从头到尾的主线。三是非常详细。好的论文框架至少要具体到三级标题，标题越细，文章的思想性和层次性越清晰。四是内容丰富。写论文不能泛泛而谈，不能简单地把提纲的一级标题和二级标题写出来就不管了，内容要饱满，有内涵。五是主题明确。论文框架要围绕主题、关键词、研究对象等搭建，防止一盘散沙。

设计好的论文框架有一定的技巧。

构建一级标题的技巧。第一，一级标题至少包括三大点，提出问题、分析问题、解决问题。第二，每个一级标题之间要有关联性（逻辑关联和层次关联）。第三，一级标题注重的是逻辑性，先写什么，再写什么。第四，需要训练逻辑性，在平时教育教学的时候，可以适当地把一个观点或者主题分为是什么、构成要素有哪些、要素之间的关系是什么、会产生哪些影响、怎么解决这种影响，长时间的训练就会在脑海中会形成固定的思维定式，从而提高逻辑性。

构建二级标题的技巧。首先，二级标题要注重层次性和逻辑性。其次，二级标题要防止与研究主题脱离，二级标题的每一个点都要围绕一级标题，否则有可能会脱离中心。

构建三级及以下标题的技巧。三级标题具有细化性，能多写就多些。

论文框架设计的注意事项：一是提出一个问题比解决一个问题更为

重要，找到当前教育教学的痛点或者热点问题；二是把时间花费在修改框架上是比较合算的，写作时有一半的时间可以花费在修改框架上；三是与其他人讨论自己想到的问题或者框架（同事、其他相近专业的人士、导师等），要舍得与他人讨论，是讨论，不是较真；四是要注意各个要点之间的逻辑性；五是问题的提出一定要想好，要引领全文的逻辑、引导写作的思路同时也可以提高自己写作的信心；六是要不断地否定自己，可以通过这种方式优化框架提纲和论文质量；七是写好之后放置一段时间之后再回过头来思考。

五、教学论文的一般写作过程

第一步是拟定提纲。提纲是论文构成的蓝图和基本逻辑框架，是由序码和文字构成的逻辑图表。拟定提纲就是先给论文搭一个框架，即作者将自己的研究构想以简洁的语言符号形式记录下来的组成论文的框架结构。在拟写提纲的过程中，要把材料组合成一个中心突出、层次清晰、逻辑严密、主次详略得当的体系。提纲的内容要注意明确论点、精选材料、排定次序。

第二步是动手写作。提纲拟定以后，要抓紧时间写作初稿。初稿要紧紧围绕提纲尽快撰写，最好一次就写完。初稿完成后，不要急于定稿，先把它搁置一两天，然后再很快地重读一遍，看表达是否清楚，计算是否准确，推理是否严谨，更正明显的错误，改正字迹模糊的地方，等三五天以后再全面修改定稿。

第三步是修改润色。历史和现实的经验都告诉我们：好文章是改出来的，改不好文章就写不好文章。修改是文章写作中一个非常重要的环节，从某种意义上说这是对论文质量起决定性作用的一环。

六、提高论文质量的关键

首先，论点要鲜明。

1. 中心论点。

中心论点是属于全局性的东西，具有战略意义。它是纲，“举一纲而万目张”，一篇论文只能有“一纲”，一篇论文只能有一个中心论点。中心论点必须做到以下几点：一是正确；二是深刻，写出“人人心中皆有，人人笔下所无”的见解来；三是集中，中心论点要单一、明确和突出，必须“从头到尾一条线，中心论点贯全篇”；四是新颖，要写出新鲜活泼的东西，切忌“千人一面”。

中心论点提出的节点也颇有讲究。有的论文一开头，就直截了当地提出论点，叫开门见山。开门见山提出论点，大致有三种情形：一是论文标题即论点；二是论文首句提出论点；三是论文开头有个简短的引论，引出论点。采用开门见山的方式提出论点的论文最多。因为开门见山提出论点，就占有了心理上“先入为主”的优势，能起到引导读者理清思路的作用，使读者能循路而入，开头提出了中心论点，各分论点一般也分别放在自然段的开头提出。开门见山提出论点还有一个好处，就是一下子即可打开议论的口子，立论鲜明，易于展开。也有教学论文，中心论点在文章的中间部分提出，先由论述引出论点，再由论点深入论述。还有的教学论文，结论就是中心论点。

2. 分论点。

分论点从属于中心论点，它具体地、深入地从多方面或多层次阐释和证明中心论点。分论点之间的关系主要表现为三种类型：第一种类型是并列关系，各分论点分别从不同侧面论证中心论点；第二种类型是递进关系，各分论点之间环环相扣，层层深入；第三种类型是上面两种情况的交叉。

其次，论证要有力。

论证有力主要包括：论据恰如其分(贴切)，直接佐证；围绕论点层次展开；详略得当；语言生动，富于变化。

最后，论文涉及的内容要多样化。

教学论文涉及的内容可以是学科专业问题研究、课堂教学问题研究、班主任工作研究、家庭教育研究、学法指导研究、学生成长研究、学校管理研究、教师专业发展研究、德育创新研究、复习策略研究、课程设计研究等。

七、撰写教学论文的体会

1.写教学论文一定要做有心人。发现和提出问题是论文写作的第一步，我们要善于在工作实践中捕捉问题、思考问题，找到论文写作的切入点。从教材到教法，从课内到课外，从课堂到课程，从个体到班级，从学生综合素质提高到教师专业成长，都可以用心去观察、探索、发现需要研究的问题。

2. 论文写作要以实践需要为动力。撰写论文的目的是服务于教育教学实践，实践需要是论文写作的出发点和落脚点，是撰写论文的原动力。在实践过程中，我们要学会借鉴、学会吸收，学会融进自己的经验和思考，实践中一旦遇到新问题，就能在短时间内找到解决的方法与途径。很多老师功利性太强，单纯为评职称搞研究、写论文，这样的论文写作没有价值，也不会出高层次的成果。论文撰写只有以提升自己为目的，以实践需要为归宿，才能成为自己愿做的事，真正做出成绩来。

3. 做什么思考什么就写什么。根据工作需要或者所做的工作写论文会相对容易一些。如《学校文化的四重境界》一文是我在整理《自觉成就魅力》一书时修改完善的，原来写的达不到出版要求；《设计假期作业，从培养核心素养出发》是我在2013—2017年多年探索布置假期作业的基础上，同时《当代教育家》征集如何破解作业难问题的背景下写出来的；《如何开发与开设校本课程》是在我去华东师范大学进行名师研修后，结合我校校本课程开发的实际需要撰写的。

4. 撰写教学论文切入口一定要小，起步要低。撰写教学论文一开始如果切入口过大，往往会无从下手，研究不精不细，精力也很难达到。从小处开始，低层次起步，一步一个台阶地进行，既符合教师专业成长的规律，又不会经受无数次失败的打击，更容易获得成功。比如从课堂教学的某一细节（如课堂引入）着手，进行小论文写作，会更容易取得成功，再小的成功也算是起步了，也代表你能力和境界提升了，能够增加你写作的信心，慢慢地就可以承担大一些的论文主题的撰写。当然，真正深入地进行论文写作，还必须持之以恒。

5. 有了想法就要随时记录下来。人的灵感是稍纵即逝的，一个问题和思路考虑成熟了，要马上记录下来，晚上进入思考问题的状态，思考成熟后也要披衣下床进行记录，否则，第二天很难再全面想起来。经常地用心思考、观察和记录，很多问题自然会找到突破口，思路就会清晰，研究的问题就会得到解决，很多想法自然就会系统化，就会形成实实在在的论文成果，日积月累，就形成了属于自己的教育思想体系。

6. 撰写教学论文要大量阅读资料。中小学教师进行论文写作查阅的资料主要包括四个方面：一是吃透心理学、教育学等方面的理论；二是研究孔子、苏霍姆林斯基、陶行知等教育名家的著作；三是研读《教育法》《国家中长期教育规划发展纲要》等教育政策法规，从而为论文撰写获得理论的支撑；四是大量阅读实践性的教育教学案例，为论文撰写找到实践载体。

7. 要注意培养创新的思维和特质。论文写作需要创新的思维和特质，我们在工作中要主动参与课题研究，主动进行论文写作，把教育教学中遇到的每一个问题都看作是进步的机遇，并把它当作课题来看待、研究，即使在听专家报告和参观考察时，也要结合培训反思自己的工作，直接思考工作中问题解决的思路或方案。久而久之，就会形成创新的思维和特质。论文写作虽然做起来很复杂，费时费力，然而一旦沉浸其中，你同样会享受到其中的乐趣，尤其是某一问题遭遇到“山重水复”的困惑，而最终“柳暗花明”之时，论文成果被录用发表之日，那种成功的感受，只有亲身经历的人才能品味到。

8. 要熟悉报刊投稿和成果申报的要求。一篇论文写好后，在参加评选或投稿时，一定要多了解相关领域的刊物和评选情况，看清刊物发稿和评选的要求，包括内容、格式等，只有与评选和投稿的要求一致，才有可能成功。否则，不了解要求，就会经受更多的失败，影响自己论文写作的信心。目前论文投稿一般有三类情况：第一类是论文评奖，一般会给出一定的格式要求，通过学校科研处或平台上报；第二类是邮箱投稿，有一定的格式要求，在邮箱自动回复中会出现；第三类是作者投稿系统，中文核心期刊一般采用这种方式。首先要注册，一般包括姓名、单位、邮箱、职称、电话、研究领域等，投稿时要粘贴论文题目、投稿栏目、摘要、关键词并上传正文，可以随时查阅审稿进度。

9. 要学会自我加压。论文写作永远不会有人逼你去做，领导强加给的任务做起来也是机械的，也不会有灵感，主动去做，才能融进自己的思想和观点。不管别人做与不做，自己都要找事做，也就是自己不断给自己下任务、定目标，自我加压。只有这样，才能够将论文写作长远进行下去，形成实实在在的研究成果。在论文写作上，我经常给自己定任务和计划，限期完成，完成后再定下一个阶段的规划，我感觉自己给自己施压是最有效的。

10. 学会利用各种机会。现在，国家非常重视教育，尤其是新课程方案和新课标的实施及国家对教师教育的重视，为老师们进行论文写作提供了良好的机遇，成功总是垂青有准备的人，要相信机会需要自己去创造。我们要多学习、多交流、多拜师、多演讲、多写作，不断在学习交流中开拓视野，提升自己的论文写作水平。

后 记

2020年初，我萌生了把自己三十多年从事生物教学的经验教训及论文整理成册的想法。当年暑假开始着手收集整理有关生物教育教学的文章和资料，一边整理一边回忆，往事历历在目，有迷茫亦有豁然开朗，有苦恼亦有欣喜若狂……这部书的结构体系和书名便栩栩如生地向我走来。

说实话，写书真的不是轻松活。

自从有了写这部书的想法后，我首先是翻箱倒柜，将参加工作以来存放的所有生物教育教学的参赛及公开课课例、教学感悟、研究课题、发表文章、培训讲稿等手稿和原件找出来，去粗取精，选出最有价值的部分输入电脑，转化成电子版；2000年以后的教育教学资料我都按学期保存在电脑上，是个浩瀚的资料库，只能一个一个地阅读与筛选，这些被选出的资料就形成了本书的原始文稿。

原始文稿只是有了盖房子的材料，如何对原始文稿进行归类，就像盖房子设计主体结构，是对这本书整体框架和书名的构思过程。教材研讨、教法探索、课题研究、中考复习……根据现有资料在脑海里有过无数次的排列组合，修改碰撞。每一次推倒重来，都要经历一次对所有文章重新排序的过程，对书名也是一次重新定位，《魅力生物教学》《做一位有魅力的生物教师》《魅力生物教师的修炼》……直到最后确定为《魅力生物教师的修炼密码》，才算找到内容与篇章一致，书名与内容相符的满意感觉。

只有对原始文章的简单堆砌，最多就是一个毛坯房，没有对书稿的加工和提升，是不能真正成为一本书的。回顾这3年的写书历程，既有我对三十多年来从事生物教育教学科研成果积累的梳理，也有我对自身成长历程和生物教学生涯的回顾和反思。为了对生物教育教学的经验教训进行凝练和提升，每一篇文章都经过了字斟句酌；为了一句话甚至一个字的修改，有时都披衣起床，打开电脑及时记录，从而提升书的内在质量；为了让这部书的内在逻辑更趋合理，让这部书的篇章划分更加趋于科学，无数次对全书进行整体的审视和翻阅，哪怕是一篇文章顺序的移动，都在灵感迸发后及时调整，让全书内容更加融为一体；为了加快这部书面世的进程，我还无数次与教育同仁进行思维碰撞，每一次善意的提醒，都会激起我写作的灵感，实现对一篇文章的完善或整本书结构的大调整。尤其是北京联合大学刘佚阳老师"先总后分"的框架结构提醒，唤醒了我对每篇总述的写作灵感，让原来对文章的简单堆砌，逐渐成为一部结构相对合理，逻辑比较缜密，内容比较丰满的真正书稿。

通过这部书的出版，让我感受到"起点上的终点思考"是克服懒惰最有效的方法。2022年1月我出版了与曾军良校长合著的《魅力课堂》和专著《自觉成就魅力》，参照这两部书的编写流程和时间，我预估了这部书编写梳理需要的大致时间，就与出版社签订了2023年3月交稿的协议。协议的签订倒逼我挤出一切时间赶编写进度，文章材料的选择、整本书篇章的确定、每一篇文章的提炼与写作、整本书架构的搭建、每篇统领文字的撰写、前言和后记的撰写、每一篇文章的排序、封面封底的设计、请业内专家写序言、内容简介和作者简介的提炼等等，每一项工作我都会见缝插针去完成，以防止耽误与出版社的约定时间。

这本书既是我三十多年初中生物教育教学实践经验的总结，也是在去年教师培训实践中取得良好效果的培训教材。在 2022 年暑假前后历时 4 个月，采取了教师自学与集中培训相结合的方式，每周从书稿中选取一篇文章和一篇教学案例发给教师自学，撰写自学感悟。4 个月下来可以学习 32 篇针对一线生物教师教育教学的相关文章和课例；每两周进行一次 1.5 小时的集中培训。这种培训任务明确、内容全面、学习深入。培训内容有课程标准的详细解读、对课程内容和教材重难点的具体指导、对多种教学方法的学习尝试、对生物课例的撰写和评析、对中考备考和解题技巧的指导、对中考试题的评析、对生物教师成长路径的引领、上课实践后的听课指导等。让新入职的生物教师在短短的 4 个月时间里，迅速成长。我想这部书的出版如果能够为新入职生物教师培训贡献一份力量，培养更多的优秀青年生物教师，将是我莫大的荣幸！

这本书的面世是一个志同道合的团队思维碰撞和集体智慧的结晶。北京理工大学附属中学的苏明学老师和北京市海淀区教师进修学校生物教研员杭跃男老师，是我最钦佩的两位生物教学界同仁，他们在繁忙的教学教研工作之余，对这部书稿进行详细审读、反馈修改意见，并欣然作序，让我十分敬佩和感动；北京实验学校张蕾老师对这部书的大部分内容进行了审读；北京实验学校的王倩老师对线上教学的创新研究和课例撰写，极大丰富了这部书的新颖性、可读性和实用性……

谨以此书献给热爱教育，致力于教育振兴和民族复兴的人们！献给战斗在基础教育战线和即将走上讲台的生物教师们！

李银乐

2023 年 1 月于北京顺义